三极冰雪探秘

主　编　康世昌

副主编　高坛光　郭军明

从第三极到南极

——第35次南极科考队陆基首席科学家日记

康世昌／著

科学出版社

北　京

内 容 简 介

本书真实记录了中国第35次南极科考队陆基首席科学家在南极冰盖持续数月的工作点滴和思绪。从第三极（青藏高原）到北极，再到南极，作者在现实与回忆中，思绪如潮。读者可以从书中了解到南极大陆种种光怪陆离、美轮美奂的景色，体会在广阔无垠的冰雪世界，极地和高山科考工作的种种艰辛与困难，同时又能感受到在寒风和与世隔绝的环境中坚持的新时代中国科学家们的坚守精神和浪漫情怀。

本书主要面向对户外探险和科学探索充满热忱的朋友们，尤其是对南极大陆充满兴趣的青年朋友和科学工作者。本书既是在冰冻圈和环境科学领域的科普著作，也可以给青年朋友们走上科研道路以启发和指引。

图书在版编目（CIP）数据

从第三极到南极：第35次南极科考队陆基首席科学家日记 / 康世昌著．—北京：科学出版社，2021.9

（三极冰雪探秘 / 康世昌主编）

ISBN 978-7-03-069929-9

Ⅰ．①从… Ⅱ．①康… Ⅲ．①南极—科学考察—中国②北极—科学考察—中国③青藏高原—科学考察—中国 Ⅳ．① N81

中国版本图书馆 CIP 数据核字 (2021) 第 196444 号

责任编辑：周 杰 / 责任校对：樊雅琼

责任印制：肖 兴 / 封面设计：黄华斌

科学出版社 出版

北京东黄城根北街16号

邮政编码:100717

http://www.sciencep.com

北京九天鸿程印刷有限责任公司 印刷

科学出版社发行 各地新华书店经销

*

2021年9月第 一 版 开本：720 × 1000 1/16

2021年9月第一次印刷 印张：17

字数：340 000

定价：78.00元

（如有印装质量问题，我社负责调换）

作者介绍

本书作者康世昌，现任中国科学院西北生态环境资源研究院副院长，冰冻圈科学国家重点实验室主任。国家杰出青年科学基金获得者，入选中组部“万人计划”领军人才，先后荣获青藏高原青年科技奖、中国科学院大学领雁银奖（振翅奖）、国家自然科学二等奖、中国科学院教育教学成果二等奖等奖励；IPCC《海洋与冰冻圈特别报告》领衔作者，《冰川冻土》期刊主编，《气候变化研究进展》、*Sciences in Cold and Arid Regions* 等多个刊物编委，曾任 *Atmospheric Research* 副主编。他长期从事冰冻圈科学研究，先后主持和参加国家基金委重点和面上项目、“973”项目、第二次青藏高原综合科学考察项目、中国科学院战略性先导专项、国际合作项目等 40 余项，组织或参加三极（青藏高原、北极和南极）地区实地考察 40 多次，担任 2005 年中国科学院珠穆朗玛峰综合科学考察队队长、第 35 次南极科学考察队陆基首席科学家。在 *Nature Communications*、*PNAS*、*NSR*、*The Cryosphere*、*EST*、*JGR*、*ERL* 等刊物发表论文 700 余篇，主编专著 7 部，参编专著 8 部。论文和专著总引 20 000 余次。入选 2019 年度科学影响力排行榜环境科学领域全球 2% 顶尖科学家、爱思唯尔 2020 年中国高被引学者、2021 年英国路透社评选的气候变化领域全球最具影响力的 1000 位科学家。

序

由人类活动造成的全球变暖给地球环境带来了深刻的影响，如全球冰冻圈萎缩、极端天气气候事件增多、海平面上升，等等。南极洲，远离人类工农业活动的中心，位于地球的最南端，是我们蓝色星球上最大的一块冰雪之地，其严寒、干燥，没有原住民且未被开发。南极如此偏远，但仍然受到了全球变暖的显著影响，尤其是西南极冰盖正在经历着快速消融。南极是一片神秘而美丽的土地，从发现她的存在开始，人类就没有停止过探索。尤其是 1957 ~ 1958 年的国际地球物理年以来，人类对南极进行了大规模的综合性科学考察，同时一批科研观测站点相继建立，并持续推进对南极的科学探索。

我国的南极考察起步较晚，但发展迅速。20 世纪 80 年代初期，我国南极科考主要依托国外的考察站合作进行。1984 年，我国派出首次中国南极科学考察队并建立了长城站，从此拉开了我国自主开展南极科学考察和研究的序幕。截至 2021 年 8 月，我国已经派出了 37 次南极科学考察队。目前我国已经在南极建立了长城站、中山站、昆仑站、泰山科考站，罗斯海新站也在建设之中，从最初的向阳红 10 号发展到拥有两艘具有破冰能力的科考船，拥有了“雪鹰 601”固定翼飞机等航空支撑平台。科研工作也涵盖了地质、地貌、天文、大气、海洋、生物和冰冻圈等多个学科领域。我国已经成为南极科学考察的大国，正在向强国迈进，也将持续为“认识南极、保护南极、利用南极”做出贡献。

随着对南极的探索越来越全面和深入，对南极的科学认知水平也在不断提升，这些离不开一代又一代科研人员的艰辛付出。他们如何在“孤独”的冰天雪地工作和生活？见到了怎样的奇观异景？遭遇了什么艰难险阻？相较于科学上的发现，科考人员的亲身经历总是更受公众的关注，也更容易达到科普的效果。这样的著作虽然不少，但也不能说多。每位科研人员的背景、个性和经历不同，因此这些著作总是从不同的侧面揭开南极神秘的面纱、解开雪藏的自然奥秘。

康世昌从20世纪90年代青藏高原珠穆朗玛峰地区的科学考察到本世纪南、北极的野外工作，走过了地球三极，组织和参加了40多次考察队，获得了大量宝贵的第一手资料。2018年，他参加了中国第35次南极科学考察队，深入南极内陆，承担了南极冰盖变化、冰芯钻取和雪冰化学方面的考察工作。现在，他将自己的考察日记整理出来，分享给大家。这本书以南极的工作生活为纲，穿插了在青藏高原考察时的回忆。整理出版时，分出章节，既反映了整个考察期间工作生活的全貌，也避免了流水账式的繁琐。同时，还贴心地附上了知识窗，配上了精美的图片。该书给读者呈现了解精彩纷呈的南极大陆、考察的艰辛和一位科研人员的“赤子”之心。

距离我参加“1990年国际横穿南极考察队”已有30余年，世易时移，但科研人员的情怀和精神没有改变。我很欣慰地看到，新一代的科研人员在继续弘扬和诠释着科学家精神。祝愿康世昌及他的团队在科研上取得更多佳绩，同时奉献出更多的科普作品。也祝愿我国的南极科考和冰冻圈科学研究更上一个台阶！

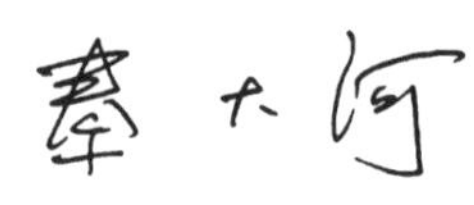

中国科学院院士

2021年9月20日

前　言

2018年11月2日“雪龙”号破冰船从上海码头出发，开启了中国自1984年首次南极科考以来的第35次南极考察。英雄的第一次南极考察队由郭琨（时任国家海洋局南极考察办公室主任）带队，克服了极其恶劣的自然条件，在南极半岛（西南极乔治王岛）建立了中国的第一个科研之家——长城站。当时我国还没有破冰船，只有“向阳号”和一艘海军的舰艇做后勤保障。基建条件极其简陋且时间紧迫，包括科学家在内的所有人员参加了繁重的体力劳动，并在极短的时间内完成了台站建设。2016年1月，我曾随着中国科学探险协会组织的南极科学探险考察队到达长城站，目睹了一个生活和科研设备完善的现代化观测研究站，感慨万分，前辈们的心血没有白费，前辈们的梦想正在实现！

参加南极考察，我是后来者，但不是迟到者。我的老师们与同事们已经在南极“战斗”了30多年，耳闻目睹了诸多科学热点和“奇妙故事”，使得我长久以来对南极极其神往！

在南极科考前夕，回想起我的科研轨迹，自1993年的唐古拉山冬克玛底冰川考察开始，祁连山、东昆仑山、天山、念青唐古拉山、喜马拉雅山、藏东南……25年的冰雪年华，从意气风发的少年到童心未泯的中年，洁白的雪、剔透的冰、遥远的蓝天、近在咫尺的白云、碧绿的湖水、璀璨的星云、强劲的风、高飞的鹰伴着我一路走来。从地球第三极到最南极，是冰雪连接了彼此，也连接了我的人生轨迹。

本书记录了我在南极的点滴，没有什么惊险的故事，也无疯狂的情节。

实际上科学家们不是一群疯子，当前的南极科考也不是早期冒着生命危险的探险。本书只是记录了我在南极考察的所见所闻、所思所想，夹杂着许多在青藏高原考察的回忆。我只希冀通过这种方式，从一个科研工作者的角度，给读者介绍冰天雪地的知识，与世隔绝的坚守者，以及凛冽寒风下的浪漫。

求　索

触及过喜马拉雅山的云雾
亲近了茫茫南极的冰雪
攀登高处的高处
走向远方的远方
我的青春啊
追寻辽阔大地的秘密
探索纯净冰芯的答案
从高极走到南极

群星闪耀在深邃的夜空
冰雪覆盖着沉寂的大地
我背着行囊
走向那高山，那荒原
如同一个懵懂的孩子
时时刻刻在追问
到底还有多少迷人的秘密

远　方

是冰雪连接了高极和南极
是青春让美丽的雪花在人生中绽放
阳光下绚丽的冰晶
纯洁如我对雪山的歌唱

寒风割裂了我的肌肤
但冷静了我的心源
雪光映红了我的脸庞
贫瘠荒原却是我的快乐家园
曾经在离天最近的地方
今天却在离家最远的地方
漂泊的心
对未知充满渴望

感谢上苍赐予我强健的体魄
一颗童心
一个行囊
让我走向远方
寻找梦中的冰雪奇缘

目　　录

第二部分
一路徜徉，穿行伊丽莎白公主地

第三部分
挑战极寒，一片冰心在冰芯

第四部分
苦乐交融，回程的冰雪采集之旅

第五部分
重回“雪龙”，28天漫长的海上旅程

第一部分

我心向往，从霍巴特到中山站

过去的 30 年，我耳闻目睹了许多亲爱的老师和同事们在南极开展科考工作的事迹与成果，还有他们发生在南极大陆的许多奇妙故事。南极大陆的那片冰雪世界，很多年来一直令我心驰神往。如今，对于即将开启的南极之行，一场在南极内陆冰雪世界的探索，我是如此的期待。这种感觉，就如同当年期待女儿的降临。

一　我为什么去南极

南极洲是我们蓝色星球上最大的一块冰雪之地，尽管过去 100 年来人类探险和科考的脚步遍及南极大陆，但相对而言，1400 万平方千米的广袤土地，人类的足迹还是非常有限，这里依旧是一片未知的荒蛮之地。为什么要去南极？因为南极就在那里！她是我们地球的一部分，没有她，我们的星球就不完美。百年以来人类远观南极、触摸南极、认识南极、探索南极的脚步一直没有停歇，从不曾因为她的遥远而忘却她。20 世纪 50 年代的国际地球物理年，一批常年有人值守的科学考察站相继建成，从冰盖边缘到内陆（如美国的麦克默多站、澳大利亚的凯西站、新西兰的斯科特站、美国的南极点站、俄罗斯的东方站，等等），开始了长期、定位、系统的南极多学科观测研究工作。

■ 南极冰雪之地

近年来到南极旅游探险的人越来越多，无论是环南极的长线路，还是南极半岛周边的短线路，更或是直接飞进南极点的豪华游，人们纷至沓来。人类对自然的探索永无止境，更何况南极洲还有无数的未解之谜。南极冰盖之下几十万年前的冰湖中有什么样的微生物？南极最老的冰及其年代？南极冰下水系统是何状况？南极的冰架是否稳定？全球工业化以来我们对南极的影响程度如何？为什么全球变暖背景下西南极显著增温但东南极近年来却有降温趋势？为什么南极的海冰范围有些区域增加、有些区域减少？

■ 南极的旅游探险

我主要研究雪冰中的气候环境记录，而南极冰盖保存着地球上过去 100 万年以来最完整的气候环境记录，因此此行的最主要目的地便是南极冰盖。南极冰盖是我们星球上仅有的两个冰盖之一，另一个是位于北极的格陵兰冰盖（超过 170 万平方千米，全部融化的水量可使海平面升高 7 米）。南极洲面积超过 1400 万平方千米，95% 被冰川和冰盖覆盖。冰盖面积约 1230 万平方千米，体积达到2650万立方千米。如果南极冰盖全部融化，则会使得海平面上升58米。冰盖边缘延伸到大洋的部分称之为冰架，其体积也达到38万立方千米，冰架边缘断裂崩解进入海洋，也能够导致海平面上升。

■ 2016年我在南极科考

人类在100多年前进入南极冰盖，探险的成分占主导，目标是揭开她的神秘面纱。而在全球变暖下，我们蓝色星球上的冰川在加速融化。对于地球最南端的南极冰盖，人们更加关注冰盖的变化。冰盖是否在融化？冰盖融化对海平面和海洋生态系统有何影响？从科学家获得的最新资料来看，20世纪90年代冰盖每年损失的水量为300亿吨，但21世纪最初的10年每年损失量达到1470亿吨，这说明冰盖的融化在加速。其中，西南极冰盖和南极半岛的冰川加速消融非常显著。尽管如此，由于南极冰盖面积巨大，观测的区域和时间有一定的局限性，例如冰架底部与海水接触的部分还无法实施大规模观测。对冰盖和冰架底部的消融认识不够，目前最多是对南极冰盖“表象”的研究。

■ 南极大陆延伸到海洋的冰川

【南极冰盖】

冰盖指面积大于50 000平方千米的冰川，地球上目前只有南极冰盖和格陵兰冰盖两个冰盖。冰盖通常呈穹状，冰流轨迹从冰盖中心地带呈辐散状流向冰盖边缘。由于冰盖巨大的冰量、冷储及表面高反照率，它们一方面调节气候变化，另一方面也通过边缘崩解和冰下冷水流驱动全球海洋环流，影响海平面变化。冰盖内保存有大量的反映地球气候、环境、人类活动和外太空事件的记录。

南极冰盖指覆盖于南极大陆的巨大冰体，为地球上目前最大的冰盖，其面积约1230万平方千米，平均厚度为2450米，总冰量约2650万立方千米，冰储量占地球上约70%的淡水储量，相当于海平面58米的变化量。南极冰盖以南极横断山脉为界分为东南极冰盖和西南极冰盖，前者以陆地为基底，后者有部分漂浮于海洋之上，如罗斯冰架、菲尔希纳－隆尼冰架等。南极冰盖下伏大量湖泊和水流系统，冰盖底部的科学研究已成为重要的前沿领域。

（改编自维基百科）

二　从霍巴特出发

中国第35次南极科考队是在2018年11月2日从上海港正式出发的。但是因为11月16日团队承担的一项中国科学院学部咨询项目结题，我们必须要到现场参加汇报，因此不能随大部队出发。幸亏按照科考计划，“雪龙”号将会在澳大利亚的霍巴特港停留3天进行补给。所以我的南极科考，实际上是从霍巴特开始的。

■ 第35次南极科考队出发前的合影

11月17日凌晨，我从北京首都机场起飞，正式开启南极4个月的科考征程。从北京到墨尔本漫长的空中之旅，不免让我回想了很多。南极大陆对我而言，并不陌生。我的导师秦大河老师参加了“1990年国际横穿南极考察队”。该考察队由中国、法国、美国、英国、苏联、日本等6个国家的6名科学家和探险家组成。考察队于1989年7月27日从南极半岛北端的海豹岩出发，克服了极端低温和暴风雪等恶劣的天气条件，经过220天5896千米艰苦跋涉，途经南极点和“不可接近地区”，于1990年3月3日胜利抵达考察终点——东南极冰盖边缘的和平站，完成了人类首次徒步横穿南极洲的壮举。秦大河老师横穿南极考察归来，在兰州大学做报告，那时我正是大二的学生，对自然和探险的向往以及对英雄的崇拜，让我觉得秦老师的成就是望尘莫及的，当时获得一个签字都欣喜万分！过去的30年，我耳闻目睹了许多亲爱的老师和同事们在南极开展科考工作的事迹和成果，还有发生在南极大陆的许多奇妙故事。南极大陆的那片冰雪世界，多年来一直令我心驰神往。如今，对于即将开启的南极之行，一场在南极内陆冰雪世界的科学探索，我是如此的期待，这种感觉，就如同当年期待女儿的降临。

■入夜的霍巴特港口一角

从北京到霍巴特，首先需要飞行极其漫长的11个小时去往澳大利亚的第二大城市墨尔本，然后再转机到霍巴特。漫长的行程搞得我腰酸背痛，但是对于科考的期待让我很快忘记了这些。在墨尔本通关后，我马不停蹄地继续乘坐飞机去往霍巴特。抵达住处时，已是凌晨。此时的霍巴特正值夏季，大小船只拥挤在一起，港口灯火通明，即便在晚上，海鸥依旧在码头的仓库顶上急切地鸣叫。伴随着海浪舒缓的声音，换下了北京的冬装，在一罐啤酒中缓解疲惫，想起远方的南极大陆，一切如此惬意。

■ 霍巴特港口一瞥

■ 霍巴特港口的雕塑

【霍巴特与南极科考】

霍巴特位于澳大利亚塔斯马尼亚岛的东南，是塔斯马尼亚州的首府和最大的港口城市，也是塔斯马尼亚的政治、文化和交通中心。霍巴特的历史极为悠久，早在1804年欧洲的殖民者便来此繁衍生息，是澳大利亚第二古老的城市，城市保留了较多殖民时期的建筑。霍巴特素有“南极门户”之称，自19世纪以来就是南极探险的前沿阵地，包括大名鼎鼎的詹姆斯·罗斯、约翰·富兰克林、罗阿尔德·阿蒙森等人，都曾在这里留下遗迹。这里是澳大利亚极地科学研究的中心，澳大利亚南极局总部也坐落在附近。霍巴特还是中澳南极科考合作的见证者。早在1980年，中国首次选派科学家赴南极科考时，就得到澳大利亚南极局的大力协助。1989年中国南极中山站建站后，霍巴特成为中国南极科考船前往中山站途中的重要补给港。

（改编自新华社报道，刘诗平，2018）

■ 霍巴特港口

三　初遇“雪龙”号

11 月 18 日，这是登上“雪龙”号的第一天。晚上 6 点，“雪龙”号离开霍巴特，奔向南极！船开始轻微摇晃，半轮皓月当空，等待穿越西风带。我住五楼，晃动相对于低层强烈，感觉如同小时候坐绿皮火车。晚上船体晃动明显些，就像躺着冲浪，前后起伏，但睡眠极好。

■ 停泊在港口的“雪龙”号局部

■ 航行中的“雪龙”号

“雪龙”号的条件不错，房间可以洗澡、洗衣服。船上甚至还有一个小型篮球场，在船底（负二层），旁边还有游泳池和桑拿房。负一层有多功能厅，可以在这里举办学术活动等。上到一层，有一张乒乓球台，每天晚上有很多人在这里打球、运动。一楼也有餐厅，主要供船员用餐，二楼的餐厅则对科考队员们开放，船上有一个 30 吨的储水罐，“雪龙”号每天可以淡化一部分海水作为淡水补充。船上的餐食较为丰盛，午餐是四菜一汤，包括茄子、黄瓜、鱼香肉丝、小鱼、西红柿鸡蛋汤，简单而美味。晚餐还是四菜一汤，我的食欲非常不错，还吃到了泡得松软的挂面。三楼有活动室，还有一个功能齐全的健身房，窗外是一望无际的南大洋，可以时时看到“雪龙”号犁开海面后拍击出的浪花。我第二天便开始在健身房健身，快走加跑步 2 千米、自行车、滑水板逐个走一遍。后面就逐步加大到 5 ~ 10 千米，每次都出一身大汗。与青藏高原的野外相比，这里的条件真是绝佳，简直好得不行。在我工作近 10 年的青藏高原纳木错站，至今无法洗澡。“雪龙”号还配备了较为完善的科学观测仪器。顶层甲板上各类仪器在正常运转，大气气溶胶采集仪发出轻微的噪声。六楼的监测房，各类数据即时呈现，大气黑碳、水汽含量、水汽中氢氧稳定同位素，还有气温、气压、风速等。

■ 顶层甲板的各类观测仪器

■ 我在“雪龙”号内的办公室

但是同船长聊天时，却感受到了“雪龙”号疲于奔波的压力。仔细想来，南极的科学考察，夹杂着繁重的基础设施建设，“雪龙”号不但承担了后勤运输的任务，也承担了科学研究的重任。事实上后勤保障，特别是运送各类建筑材料和后勤保障物资，占用了“雪龙”号八成以上的运力。如此，运输的增加势必减弱科考的能力。与北极的科考相比，这种问题尤为明显。所幸“雪龙2”号即将建成，极地科考装备也在筹划中，未来的极地科考将会有源源不断的新的生力军注入。

目前“雪龙”号有150多人，包括雪龙队、中山队、内陆队和综合队四部分。考察队在路途中安排了丰富的文娱活动，比如乒乓球、卡拉OK大赛等。27日晚上科考队特意为内陆队的6个队友过生日，大家十分开心，喝酒唱歌。我唱了几首拿手的老歌，《一壶老酒》《青藏高原》《卓玛》《天路》，大家也跟着一起合唱，又是一场高原“演唱会”。队友中二十出头的研究生鲁思宇听着歌竟泪流满面！年轻人想家了。

■ 航行中的文娱活动

【“雪龙”号简介】

“雪龙”号前身是苏联准备造给北冰洋地区运输公司的八艘维他斯·白令级破冰船之一，由乌克兰赫尔松船厂建造。苏联解体后，“雪龙”号前身完成度仅为83%。1993年中国从乌克兰赫尔松船厂购进，并先后经过上海沪东中华船厂二次大规模的改装，全船共7层，可承载130人，配有两个直升机库，并有一系列科学实验室。“雪龙”号于1994年10月首航之后，又进行了数次升级改造，是世界上第一艘配有“宽带全球区域网络”（BGAN）系统的科考船，还安装了世界上最先进的机舱自动化控制系统，可以实现无人值班，采用了世界上最先进的海水采集分析系统等考察设备。

在2018年“雪龙2”号下水之前，“雪龙”号是中国唯一的一艘能在极地海区航行的破冰科学考察船。该船总长167米，宽22.6米，型深13.5米，满载吃水9.0米，自重11 400吨，总吨位14 997吨，满载排水量达21 025吨。功率为17 920马力，最大航速18节，续航能力达18 000海里。截至2020年，“雪龙”号先后参加了22次南极科考和9次北极科考，可谓功勋卓著。

（改编自光明网，1999）

■“雪龙”号掠影

【纳木错站简介】

纳木错站全称为中国科学院纳木错多圈层综合观测研究站，位于西藏自治区拉萨市纳木错湖东南岸，海拔4730米，是我国全年有人值守的海拔最高的野外站。纳木错站是中国科学院特殊环境与灾害监测网络的一部分，重点监测冰川、冻土、生态、气象、水文等，开展多圈层相互作用研究。台站建立于2005年，占地30亩[①]，下垫面为高寒草甸区，背靠念青唐古拉山脉的雪峰。康世昌为首任站长。过去15年，台站建设从无到有，逐步完善了科研监测和实验分析能力，达到具有国家水平的青藏高原地区特殊环境与灾害监测网络台站，在特殊环境现状及其变化评估、寒区水文水资源等方面做出了重要贡献。

■ 纳木错站建设初期

① 1亩≈666.7平方米。

四　穿越西风带

11月20日，船时上午9:00（北京时间上午8:00），大雾（能见度0.46千米），气温7.7摄氏度，相对湿度100%。“雪龙”号仍在强烈摇晃中继续朝南行驶。人无法稳定站立，必须抓住一个固定物，走起来晃晃悠悠，像刚学步的小孩，上下楼必须抓扶手。睡觉时只能躺着，无法侧睡，否则就会左右摆动，滚来滚去。“雪龙”号每天的行程约700千米，目前已离开霍巴特1200千米。傍晚的涌浪接近3米，气温降到3.6摄氏度。近一周以来气温持续下降，而气压自昨天才开始迅速下降，进入低气压区。目前船正航行于低压中心（991百帕）。听老队员讲，与往年相比，今年的西风带航行还算是相对“平静”。

■“雪龙”号在大雾中摇晃前行

晚上躺在床上，仍旧感觉晃动十分明显。这种晃动是三维的，前后、左右、上下不停地晃动，而且随时间而变化。我的床要比船员们的略大一些，来回的晃动、翻滚反而让我痛苦不堪。我尽量睡到靠墙的一侧，这样至少可以避免朝左侧的翻滚。夜间，可以清楚地听到船首砸向涌浪的撞击声，随后便是由高向低的突降，兼有侧向的滑动。侧卧很不稳当，总是左右翻滚，平躺则只是感受到上下和前后的晃动，可以坚持长一些。整夜就是在这种三维晃动中度过。

■ 船舷处的涌浪

11 月 22 日，为了避开前天预报中的“涌浪”中心，“雪龙”号向南偏东方向行驶。今天凌晨，改变航向，向正西方向行驶，气温降到零点，涌浪最高 3.5 米。由于是迎着涌浪前进，又是逆风，船体上下波动剧烈。船首时不时激起 10 米多的浪花和飞沫。感觉有点晕，逐渐有明显的不适，没有做运动，大部分时间躺在床上看书。

11 月 23 日，风力由 5 ~ 6 级减弱到 4 ~ 5 级（风速约 4.93 米 / 秒），涌

浪由 2.5 ~ 3.5 米减弱到 2.0 ~ 2.5 米。“雪龙”号顺利地穿过了西风带，一切变得“风平浪静”，清晨已经感觉不到剧烈的晃动。“雪龙”号已经在南纬 63 度行驶，接近海冰区域。

■ 涌浪

【涌浪】

涌浪是指风停止或削弱、转向以后遗留在海上的或来自其他海域的波浪。相比于一般的风浪，涌浪具有较规则的外形，排列比较整齐，波峰线较长，波面较平滑，比较接近于正弦波的形状。在深海因其频率比较低且和船舶航行的振动频率比较接近，容易与在行船舶及海洋石油平台等结构物发生共振，具有惊人的破坏力，能使舰船发生中拱、中垂、螺旋桨空转失速，使海洋平台发生倾斜和摇晃等，给舰船及海洋平台造成严重损伤，甚至使其损毁。当涌浪传播到浅水或近岸时，波高增大，波长减小，常形成猛烈的拍岸浪，对岸边建筑物破坏性很大。

（改编自周延东，2016，《水道港口》）

五　颠簸的海上工作

从上船的第一天开始，不管船体如何晃动，我都感觉必须要工作了！电脑随着办公桌小幅度摇摆、倾斜。最大的遗憾是无法对着电脑长时间干活，盯一会儿电脑屏幕就感到头晕。如果感到不舒服，我就会躺在床上看会书，看书倒是很惬意。相对于电脑屏幕，看纸质文字要“舒服”很多。昨晚读了曲探宙撰写的《第29次南极科学考察队领队日记》开头部分，看到领队在晕船的状态下兢兢业业工作，深感敬佩。

在船上，科考队召开了中山站海冰冰情分析会议，为海冰卸货做预案。各种卫星资料分析显示，今年海冰范围广，预计到中山站的海冰卸货距离达到40千米。这么长的距离，必然增加了卸货的时间。我所在的昆仑站科考队进一步讨论了到达昆仑站后的每日工作计划，主要包括天文台观测维护、深孔冰芯钻机维护、雪坑和冰芯采样等。我还参加了中山站的部分讨论，包括鸟类观测、地质岩石取样等。

南极大学的讲座是“雪龙”号较有特色的学术活动。我介绍了“全球冰冻圈变化及影响”，从气候变暖、冰冻圈变化及其影响、珠峰冰芯钻取等方面讲述。北京师范大学的张正旺教授介绍了鸟的种类、分布、特性，特别说明了南极地区（中山站）的鸟类特征。

目前在船上度过的十多天生活，最深刻的体验是科学氛围弱，不同专业科研工作者探讨科学问题的机会极少。对于大部分科研人员而言，仅仅有南极大学的讲座是远远不够的。曾经看过记录大洋钻探的一本书写道，科学家们每天最愉快的时间就是晚餐后的讨论，各种科研中的奇思妙想、不同学科之间的相互启发、对观测数据和研究结果的预想，都让科研人员兴奋不已。但是我们的一些年轻人却只是将科学考察当作一场体力劳动。我们来南极，最多的一句话就是为国家战略需求做贡献，然而，如果在科学上站不到国际前沿，为国际科学界做不了贡献，一切都是空谈。我们需要的是全球政治和科研治理中的发言权，而非劳动力。“雪龙”号上的科研氛围弱了一点，作为首席，我感到很遗憾。

■ 我在“雪龙”号上的工作情景

【南极大学简介】

中国南极科学考察队每次在航渡期间都会开办内容丰富、形式多样的教学课程，被称为南极大学。考察队汇聚了我国极地考察的一流人才，来自五湖四海、不同学科的考察队员可在专题讲座中了解其他领域的知识。

南极大学的办学宗旨是求实探索，普及南极科学知识、传播南极文化、弘扬南极精神。在这里，考察队员互为师生、相互交流、探索学习、分享经验、共同进步。开办南极大学是我国南极考察队的传统，这是一座充满南极特色的大讲堂。“雪龙”号每次开赴南极时，均开办南极大学。

（来源于新华网，2019 年 10 月 22 日）

六　穿越浮冰与冰山

11月24日下午，在船上看到第一个很小的冰山。此时“雪龙”号正在继续西行，位于南纬63度33分09秒，距离中山站还有2000余千米。凌晨，“雪龙”号进入了浮冰区，此时气温零下1.6摄氏度，相对湿度100 %，涌浪2.0 ~ 2.5米。目视浮冰的密集度不到5%，感觉是风平浪静。显然在海冰区涌浪的预报很成问题，“雪龙”号继续朝西行驶，船速降到11节，同时海冰对涌浪的消减作用非常显著，船行非常平稳。浮冰上部是纯白的积雪，下部是浅蓝色的海冰，有些海冰上有很明显的绿藻分布。遇到较厚的冰层，“雪龙”号开始破冰航行。所谓破冰就是船朝后退一段，然后开足马力朝前冲击海冰，击破海冰后前进一小段。

■ 平静的海面

■ 冰山与浮冰

一路所遇见的海冰形态各异，有大有小。大则几十平方米，小则几平方米。午后，海面上看不到任何涌浪，仅仅荡漾着细细的波纹，海冰密集度略有增加。

■ 硕大的冰山与浮冰

船只不停地撞击海冰，但力度不大。到了晚上，“雪龙”号的两个大灯在海面上来回巡视，尽量避开海冰密集区，漫天的雪花在灯光中飞舞。尽管不断地和海冰撞击，发出“砰砰”的撞击声，但比起涌浪区，这种船舱生活如同在北京北海公园划船一般舒适。

11月26日“雪龙”号又穿过数个小的浮冰区。船只要一离开浮冰区，2米高的涌浪便会出现，但船体的晃动并不影响工作。进入浮冰区，则船体平稳，让我想起小时候挑水时把荷叶放在水桶中，水就晃不出来，海冰就像是水桶中的荷叶，稳定涌浪的功能很强大。“雪龙”号为了尽量避开浮冰区，偏北航行，我们又回到了南纬60度，距离中山站1300千米，只剩下3天的路程了，预计30日到达中山站附近。

11月28日，“雪龙”号距中山站700余千米，此时船头朝向转南，直奔普利斯湾。这时冰山开始频繁出现，而且体型越来越大。“雪龙”号破冰前进，航速降到了4节。接近午夜，“雪龙”号进入南纬64度的密集海冰区，海冰的覆盖度达到六成以上，船的行进速度减慢，尽量寻找冰间水道前行。窗外的风景不断变换，海冰不时地从眼前漂过。

11月29日上午，海面出现凝脂状冰面，低气温造成海面结了细细一层冰。过了海冰区，船一路朝南。更加巨大的冰山开始涌现，桌形、圆形、城堡状，形态各异，颇为震撼！

■形态各异的冰山和“雪龙”号破冰后的水道

■ 浮冰上的企鹅群

■ 桌形冰山

■ 远看像蓝鲸的冰山

【浮冰（海冰）】

浮冰又称为漂流冰或流冰，主要指浮在海面随风、浪、流漂移的海冰。当海水温度降至冰点（-1.8℃）以下时，海冰开始发育，由最初的六角形针状晶体变大成为软冰。软冰积聚成薄片状的尼罗冰后，随着底部继续冻结，受风应力和波浪作用，破裂成圆盘状饼状冰，进一步冻结，经过黏结、叠加，最终合并形成海冰。海冰的形成主要包括9个阶段形态，分别是：初生冰（针状、薄片状、糨糊状或绵状）、冰皮（厚度5厘米）、尼罗冰（厚度10厘米，易折）、莲叶冰（厚度10厘米，直径30厘米至3米）、灰冰（厚度10～15厘米）、灰白冰（厚度15～30厘米）、白冰（厚度30～70厘米）、一年冰（厚度70～200厘米，成长期不超过一个冬季）和多年冰（厚度多大于2米，至少经过一个夏季）。海冰主要聚集在地球南北极区域，在南极边缘、北冰洋以及北大西洋高纬度地区全年均有海冰存在。随着季节变化，海冰的范围、密集度和厚度都将发生变化。卫星观测表明，近几十年来海冰范围急剧缩减，多年冰被一年冰取代，而一年冰在夏季会消融，这主要是全球快速变暖所致。目前北冰洋海冰的减少是过去1000年来前所未有的，对北极生态系统和原住民生活造成了严重影响。但是，北极海冰的消融也为北极航道的开通带来了机遇，相比于传统航线（经马六甲海峡和苏伊士运河），将大大缩减中纬度国家至北美和欧洲的海上距离，由此带来巨大的经济效益，也将改变全球的贸易格局。

（改编自《冰冻圈科学辞典》）

【冰山】

指冰盖和冰架边缘或冰川末端崩解进入水体的大块冰体。南极冰盖和格陵兰冰盖是冰山的主要来源区。冰山形成受冰川运动、冰裂隙发育程度、海洋条件、海冰范围和天气条件的影响。全球变暖对冰山形成也有影响，可加速冰山的形成。冰山是淡水冰，大量冰山进入海洋后可改变海洋的温度和盐度。冰山漂移对航海安全造成巨大威胁。

冰山分类主要依据冰山的形状和大小。世界气象组织主要依据形状分类，定义了冰山、小型冰山和碎冰山。冰山的出水高度高于5米，又细分为平顶、圆丘形、尖顶冰山等。小型冰山的出水高度在1～5米，面积通常在100～300平方米。碎冰山的出水高度低于1米，面积一般是20平方米左右。

据估计，南大洋冰山的总量可达20万座左右，数量约占全球冰山总量的93%，总重量达1千亿吨。冰山的寿命主要取决于漂流过程，洋流会把冰山带进暖水区域，加速冰山融化。

（来源于《冰冻圈科学辞典》）

七　登陆中山站

11 月 30 日，天气晴朗，“雪龙”号已经到达中山站附近。K32 直升机携带船上科考队员陆续飞往中山站。按照计划，我们是第二批飞往中山站的人员。直升机仅仅用了一刻钟就抵达了。在空中遥望南极，是冰雪覆盖一望无际的大陆，雪白的世界从天际线一直延伸到海面，皑皑白雪与海面上的冰山和浮冰衔接在一起，除了大陆上偶尔露出来的黑色岩石，几乎区分不出哪里是陆地，哪里是海洋。直到直升机临近中山站，才感觉来到了陆地。从直升机上跳下来，尤其是在海上漂泊 14 天后，我终于踏上了南极大陆，兴奋和激动不言而喻！

■ 登机出发

■ K32 直升机

■ 在直升机上遥望南极大陆

登陆之后，我和其他考察队的临时党委一起慰问了第34次南极科考中山站的19名越冬队员。越冬队员包括管理、后勤保障（水电维护、机械师、通信、电子设备、卫生环境、厨师、医生）和科研人员（动物调查、气象和高空大气观测、地磁观测、气象预报、大气化学监测等）。科考大队撤离后，他们在寒冷漫长的南极冬季坚守了半年，出色地完成了各项科研任务。对此，作为南极科考的新人，我只有表达深深的敬意！

登上南极大陆的第二天下午，仔细参观了中山站。中山站1989年建站，位于东南极大陆普里兹湾的拉斯曼丘陵，毗邻南极冰盖的边缘。站中心是三层的综合楼，朝向东南，右侧是越冬宿舍楼，左后方是度夏宿舍楼。最老的建筑是由集装箱拼接而成的“综合楼”，于2010年前后弃用。综合楼东侧是新、老发电楼。新、老储油罐在西南侧。油罐上还特别富有中国特色地绘制了十二生肖和各种京剧脸谱，是所有来中山站的人员必去留影的地方。所有的观测和实验用房散落在站区的后方（西侧），科研观测项目主要有气象、大气化学、海冰、天文、高空大气、宇宙射线、地球潮汐等。

■ 海湾边的南极中山站

■ 储油罐上的各种京剧脸谱

■ 中山站观测场

我们还参观了中山站的邻居俄罗斯进步站。进步站的站长原来是地理学家，后来专职南极台站管理。进步站越冬队员有25人，夏季有时候人员可到达70人，主要包括后勤保障人员和从事冰川、气象、海冰、高空物理等研究工作的短期科研人员。但是我在进步站的参观却有一些失望，感觉他们的科研设施很薄弱，观测能力有限，队员们的英文也不太好，这与我们的中山站形成了巨大的反差。回想20世纪80年代，以进步站为代表的苏联极地观测台站在南极科研中做出了巨大的贡献，但是此时，他们在南极的科研竞赛中明显已经脱离了第一梯队，这令人感到非常遗憾。

■ 俄罗斯进步站

12月2日在中山站宿舍楼工作一天之后，晚上我绕着中山站走了一圈。中山站临近普里兹湾建有站前码头。十余头海豹在海冰上睡觉，旁边有所谓的海豹洞（其实是裂开的海冰）露出海水。海豹非常懒惰，人即使走得很近，也不会太打扰它们的睡眠。我看到有四对大小海豹抱作一团，估计是母子或母女。成年的海豹体长接近2米，甚是庞大，偶尔发出低沉的吼声。小海豹据说是4周左右。随后我继续朝东北方向走，看到了地磁测量和地球潮汐测量的仪器。再向前行，攀上小丘，朝北眺望，冰山绵延起伏。在小丘的东坡（望京山），看到了两个墓碑，在此向中山站的前辈们致敬。从中山站的后方绕回宿舍楼，共走了 5.6 千米。

■ 正在休息的海豹

【中山站简介】

中国南极中山站简称中山站，是中国在南极洲建立的科学考察站之一，建立于 1989 年 2 月 26 日，位于东南极大陆拉斯曼丘陵维斯托登半岛上，是中国第二个南极考察站。地理坐标为南纬 69 度 22 分 24 秒、东经 76 度 22 分 40 秒，距离北京 12 553 千米。中山站所在的拉斯曼丘陵，地处南极圈之内，位于普里兹湾东南沿岸，西南距艾默里冰架和查尔斯王子山脉几百千米，是进行南极极地科学考察的理想区域。经过 20 多年的扩建，建筑面积达到 5800 平方米，室内全年 26 摄氏度，其中包括办公楼、宿舍楼、气象楼、科研楼和文体娱乐楼，以及发电楼、车库等。

（资料来源于国家海洋局极地考察办公室）

■ 中山站全貌

【俄罗斯进步站简介】

俄罗斯南极进步站位于东南极大陆拉斯曼丘陵上，距离中山站仅11千米。该站始建于1988年，由苏联第33次南极科学考察队建立，是俄罗斯位于南极8个科考站中最年轻的一个。开始仅作为夏季野外基地，2004年升级为常年科学考察站。2008年该站曾发生火灾，造成1人死亡，2人重伤，中国中山站向其提供了包括医疗救援和食品物资等帮助。

（改编自央视新闻客户端，2019）

八　南极动物与极致美景

进入南极圈之后，南极的动物们开始不断地映入眼帘。在昼长夜短的南极夏季，午夜时分东南方已是晨曦，可以尽情享受与南极动物们的亲密接触。我时常利用休息的时间去“雪龙”号甲板拍飞鸟、企鹅、海豹，欣赏落日和晚霞。

“雪龙”号穿越浮冰区时，海况平稳（即所谓的 Calm Sea）。各种动物令人目不暇接，海豹、企鹅在海冰上休憩，时而有鲸鱼出没，巨鹱、花斑鹱、雪燕等不时掠过船头。成群的海鸟随船飞行，企鹅、海豹在海冰上出现。如果船体靠得近，它们就马上离开海冰，潜入海水。有时候企鹅在冰面上休息，等到船非常接近时，才晃晃悠悠地站起来，摇摇摆摆地走到海冰边缘，跃入海中。

■ 阿德利企鹅

■ 一群阿德利企鹅正在从海冰上跳入水中

■ 随船飞行的花斑鹱

■ 灰背信天翁

这些照片中，其中一组受伤的食蟹海豹照片尤为难得。轮船接近浮冰区时，发现一只在浮冰上的海豹。拍了几张照片的空隙，食蟹海豹转身跳入海中。整理照片时才发现，这只食蟹海豹的脖颈处有几处很大的伤口，浮冰上好几处都是血迹，血淋淋的样子甚是可怜。仔细观察，它的尾部也有几处很大的伤疤，

■ 一只受伤的食蟹海豹

看来它时常受到天敌的袭击。寒冷严酷的南极，即便对于生活于此的动物来说，也是生存竞争的严酷场所。

霞光是在南极海洋上的经典美景。在距离中山站不到 1000 千米的区域，晚霞和朝霞往往只相隔数小时。临近中山站几十千米时，在凌晨一两点钟，太阳还挂在南边。所谓夕阳或者朝阳，已经没有分界线。

■ 霞光下的浮冰

■ 霞光下的冰山

■ 天际间的落日

■ 晚霞中的飞鸟

■ 红色的霞光

越接近南极大陆，能看到越来越多成群结队的企鹅。它们在陆地上完全没有在海洋中那般灵活矫健，有一只企鹅从海面跳上冰面，没有把握好刹车，直接来个后滚翻，着实憨厚可爱！

■ 几只奔跑中的巴布亚企鹅

登陆南极大陆后，有更多的机会与企鹅亲密接触。在“雪龙”号物资转运的闲暇时间，近距离观察了一群南极帝企鹅。帝企鹅群大约10余只，它们先是在“雪龙”号后方的水域中玩耍，随后攀到冰面朝南行进，一会儿爬行，一会儿站起来摇摇摆摆地前进。站立的帝企鹅很是威武漂亮，身高60 ~ 70厘米，腹部洁白无瑕，背部、翅膀、尾巴和脚蹼是乌黑的，颈部是黄色，耳朵后有一小块红色，细长的喙，从喙尖到喙角都是金黄色。帝企鹅不同颜色的羽毛几乎没有过渡区，界限是平滑的曲线。夕阳下，白色的腹部反射出金色的光线，身后的影子长长地拖在洁白的雪面上，远处是泛着橘黄色的冰山，构成一幅南极绝美的油画。仔细观察，爬行对于企鹅来说相对容易，或可节省体力，特别是在冰面上，两个脚蹼轮换蹬地，如同在划水，滑行的速度快于左右摇摆地行走。跟踪了一会儿，两只帝企鹅回过头来，竟然朝我走来，真是天赐良机，我赶紧“咔嚓咔嚓”连续拍照。

■ 行进中的帝企鹅群

在中山站，我和张正旺等老师去观察鸟类。这里的鸟主要有三类：风暴海燕、雪鹱、贼鸥。风暴海燕形体与常见的麻雀相近，但通体主要为黑色。雪鹱如同白衣仙子，羽毛洁白，很像白色的鸽子，但眼睛和嘴都是通黑的。贼鸥颈部以上是灰白色，其余部位是黑色。贼鸥是南极的鸟中之“王”，可以叼走小企鹅。我们在贼鸥的“餐桌”上能看到骨头、干枯的小企鹅头等。如果贼鸥正在孵蛋，有人靠近它们就会发出尖利的鸣叫。5 只贼鸥居然在冰面上睡觉，头插进翅膀里。其中一只睁着眼察看周边，即使有人靠近也泰然自若，全因天敌太少之故。

■ 正在睡觉的贼鸥

■ 中山站附近的帝企鹅

■ 夕阳下的帝企鹅

■ 孵蛋的贼鸥

12月6日晚上与中国中央电视台的两位记者走路、拍鸟，去了贼鸥的巢穴。回程遇上雪鹱的聚集地，至少有10个巢穴在孵蛋，一部分雪鹱在守护观望。

其中有个洞里居然有两窝。成对的雪鹱一般在岩石缝隙中筑窝孵蛋，一只孵蛋，一只觅食。

■ 雪鹱

九　物资转运

“雪龙”号到达中山站，随即立刻开始紧张的长达十几天的物资转运工作。由于中山站周边海冰超过 2 米，“雪龙”号无法直接到达中山站，只能在中山站 40 千米之外卸下物资，再由雪地车和直升机转运到中山站或距离中山站 7 千米处冰盖边缘的临时“内陆考察出发基地”。从 12 月 1 日一直到 16 日，直升机昼夜不停地忙碌，时不时掠过中山站。“雪龙”号仍然在 40 千米以外停泊。在地面上，雪地车同时开展考察物资运输。

■ “雪龙”号和吊运货物的直升机

午夜的天空依然明亮，普里兹湾浸润在晚霞和晨曦之中，窗外是涂上金色的冰山，天边是淡黄色的薄云，与白色交相辉映，南极的夏季精彩纷呈，极昼已经来临！从中山站窗外望去，4 台卡特雪地车往返于 40 千米外的“雪龙”号转运物资。卡特车每小时行进 15 千米，一个来回包括装卸货，大约需要 8 个小时。

12 月 3 日晚上我参与了物资运输，主要任务是陪着驾驶员聊天，保证行车安全。从中山站出发，一路北行，直奔“雪龙”号，3 个小时行驶 44 千米。“雪龙”号的红色外表在夕阳下愈加明亮。直升机在右侧吊货，送往内陆出发点。4 台雪地车拖着雪橇在左侧装货，装货前后花了 3 个小时。海冰表面的积雪约几十厘米，并不平整。雪地车在颠簸中行进。去程中看到三三两两的阿德利企鹅，自北方的海面回到冰盖边缘的栖息地（有一些较小的丘陵）。

■ 雪地车正在装卸货物

雪地车装货完毕已是午夜，启程回中山站。太阳也懒得落山了，一直在南部的地平线由西向东缓慢移动。凌晨 2 时许，似乎沿着冰盖边缘有一层薄雾。进入薄雾，原来是冰晶雨。细细的冰晶在车灯的光线中飞舞，晶莹剔透，闪烁着五彩光环。空中出现淡淡的彩虹。等我回到中山站休息已是凌晨 3 点半。午夜，刮起了强劲寒冷的南风——冰盖的下降风。回到房间，老半天才暖和起来。

■ 正在运货的直升机

■ 驾驶雪地摩托运输物资

十　整理样品箱

我此行共带了36个90升的样品箱，但是直到12月6日“内陆考察出发基地”物资转运结束，我只找到其中5个箱子，剩余的31个箱子尚不知道在哪里。我不得不花费数天的时间，奔波于中山站和内陆考察出发基地之间寻找和整理样品箱。

■ 出发基地外分散的货物

12月8日上午开始，直升机及雪地车的运输工作初告结束，出发基地内一片“狼藉”。我开始到冰盖边缘出发基地外整理物资。当天的天气预报是阴转多云，位于冰盖的出发基地天气却很好。从霍巴特登船到现在，这是第一天实实在在地干活，到晚上也是感觉到实实在在的疲惫。我们先是帮泰山站准备保温板材。由于直升机吊运物资的吨位有限，一般是 2 ~ 4 吨，而泰山站的基建，包括电力、通信、饮用水、污水处理、储藏室等是直接在地下（雪下）用

■ 泰山队队员组装集装箱

■ 安装超级雪橇

集装箱拼装，而集装箱内如果有保温材料，则超出直升机的运输能力，所以需要先拆除保温材料，分开运送到出发基地后再拼装。搬运保温板是个体力活，我也还能干得下来。下午整理食品。从集装箱运来的食品再归类到生活舱的储藏室。物资包括大米、饮料、食用油、调味品等。大米最重，规整起来有点吃力，我也是好久不干体力活了，体力实在有限。幸运的是找到了我的14个样品箱，后续的冰钻等可能也会很快运过来。晚上9点多回到宿舍，脸部有灼烧感，四肢疲惫，查看完邮件，洗澡睡觉。

12月10日，在内陆出发基地又整理了一天。我所有36件仪器和样品箱已全部找到，规整了一遍，同时把同行队友研究生鲁思宇的装备也搜集、规整完毕。和队友们一起整理食品，分发野外服装，整理内陆考察的生活舱。昆仑站考察队员16人，共两个住舱。把随时需要的物品（包括食品）分别放在住舱和生活舱（厨房和餐厅）。这几日天气依然很好，气温通常在0摄氏度以上，一干体力活就热。

■ 整理住舱和生活舱

12月11日继续在内陆基地工作。没有穿“企鹅服”，因为穿着太热。干活的时候穿抓绒裤和抓绒上衣就可以了。整理出了内陆考察的另一套服装，包括连体羽绒服、加厚保温鞋和袜子。昆仑站和泰山站的海拔高、气温低，像昆仑站大半时间气温都会在零下 20 摄氏度以下，需要特别注意保暖。下午帮助整理了现场的一些垃圾，装箱后将其运回“雪龙”号。晚餐加餐，为第 34 次越冬队员送行，喝了很多啤酒，队员们相互之间已经非常熟悉，话别的气氛总是很热烈。有部分队员来房间聊天，晚上没能加成班。几天来脸部遭到暴晒，又开始脱皮了。

后面的几天继续整理零星的物品，包括冰钻、探空气球等。一直到 12 月 16 日，内陆队的物资全部整理完毕，8 人的住舱已经收拾得井井有条，所有的雪橇已经连接完毕，排列整齐。

■ 整齐排列的雪橇

【南极下降风】

南极地区常年冰雪覆盖，地形基本呈内陆高、沿岸低的态势。在冰盖坡度较大的地区，由于冰盖表面的剧烈辐射冷却使得近地层空气密度增大，海拔较高处近地层空气密度比同一水平面上其他位置的空气密度大，并在重力作用下沿斜坡加速向下运动，形成下降风。

下降风作为一种中尺度到大尺度的天气现象，是南极地区大气低层风场的一个重要特征。下降风可以改变边界层内气象要素的垂直分布，改变局地水平温度梯度和水平气压梯度；驱动南半球经向大气输送循环、向北输送冷空气，最远能到达亚热带地区，使得南极大陆地面气压降低、中纬度地区地面气压上升。下降风造成风吹雪、白化天，降低能见度。从沿岸吹向海面的下降风，引起涌浪，不利于船只航行，产生冰间湖。强风会破坏南极地区的科考站建筑，危及科研人员的人身安全，影响航空飞行器的起降。

（来源：丁卓铭等，2015，《极地研究》）

十一　中山站整装待发

这段时间天气一直不错，中山站的前方仍然是坚硬的海冰和“凝固”的冰山。每到深夜，窗外海冰和冰川散发着金色之光，远处的地平线便是橘黄色。国内的朋友在晒雪景，我身处南极，竟然见不到下雪，不过也是到处雪景。

■ 深夜窗外的冰山

从霍巴特登船开始，一直在持续日常的工作，但是离开中山站之后，将会没有网络，很多工作将不得不暂停，因此这最后几天有网络的时间，我尽量把能想到的事情安排好。中山站的网络很慢，时断时续，收发邮件还算凑合。一坐在电脑前，各种事务一齐涌上桌面。有研究生的开题报告、文章指导和修订，有项目的各种讨论和安排，有实验室事务。在中山站工作的时间穿插在物资运

■ 中山站站前广场

■ 中山站的晚霞景色

转和出发基地的物资整理中，基本每天都工作到午夜。首先是科研工作，先是修订了关于北极气温季节性差异减弱及其原因分析的论文。这篇论文的基本论点是北极海冰范围减少，导致海水夏季的热容量增加，使得近地表夏季气温升温率低于冬季升温率，从而导致北极夏冬季温度差异减弱。之后修订和整理极地科学优先领域中极地冰盖研究方向的材料。有几个专家提供了材料，但多有重复或有繁有简，几乎重写了一遍，连续几天加班到凌晨一两点钟。好在不落的太阳一直陪伴着我。

随行的记者朋友们也在利用有网络的几天抓紧工作。12 月 5 日，我们为中央电视台录制合唱节目《我和我的祖国》。中山站的队员们很愉快地合唱。在站区后方西侧的小山腰上站成两排，面对着夕阳，背靠台站和远方的冰山，大家一起引吭高歌！两名队员专门在合唱队伍前面人工提词，将打印好的歌词举起来，一页一页地向大家展示。刚开始还有音乐伴奏，可是由于听不清音乐，大家就索性清唱了。央视网后来专门发了一组消息，记录我们的这次合唱活动。

■ 科考队员齐声高唱《我和我的祖国》

12月12日是中山站第34次南极科学考察越冬队与第35次南极科学考察越冬队交接仪式，临时党委的成员参加。前任站长崔鹏惠已经在站400天，曾与我们单位的任贾文、张永亮、效存德、侯书贵等同事多次到冰盖内陆考察，野外考察和台站管理经验很丰富。南极内陆考察，队员们之间以“兄弟”相称，严酷的环境下建立了深厚的友谊！新站长胡虹桥，高空物理学家，温文尔雅，扛起了台站管理的重任。交接签字仪式后升国旗，在这距离祖国万里之遥的冰天雪地，激荡的国歌声中，五星红旗迎风飘扬。

■ 交接仪式

南极大陆的狂风威力很大，新换上的旗子一两个月就会一点点地被风吹蚀掉。但是鲜艳的五星红旗却能时时飘扬在南极科考队的每一个地点，这些旗帜都是队员精心挑选后从国内带过来的，每隔一段时间就会更换新的旗帜。虽然距离祖国万里之遥，但是只要国旗飘扬、国歌激荡，每个人都由衷地为祖国自豪。国旗和国歌代表祖国，更代表了南极科考队员们肩上的责任！

■ 我在中山站留影

我在中山站给兰州晚报提供了以下信息："雪龙"号于11月30日抵达中山站44千米以外。由于海冰阻隔而无法直接到达中山站，当天我乘坐直升机到达中山站。经过半个多月从"雪龙"号到中山站的货物转运，科考物资已经准备完毕，我们计划18号出发前往昆仑站。科研仪器、生活物资和生活舱放置在雪橇上，由雪地车拖着雪橇前进。昆仑站位于中山站约1200千米外的南部冰原。我们计划去程沿途将采集2～3个雪坑，回程做冰盖表面物质平衡观测、表层雪采样、自动气象站架设等。单程时间不到20天，计划在昆仑站工作20天，主要工作是钻取浅冰芯、挖雪坑、维护深冰芯冰钻。总计时间约2个月。12月17日，内陆考察的37人全部集中在出发基地，准备明天出发。

■ 内陆科考队车队整装待发

【新闻链接】

中国第35次南极科学考察《我和我的祖国》唱响在南极大陆

央视网消息：考察站上的队员们长期在外，忙碌的工作之余，极地生活也是有滋有味。这天，遥远的北京忽然发来一个小要求，希望他们能在南极唱一首歌，录个小视频。考察队员们便在休闲时忙了起来。考察队协调了一个大家相对不忙的时间，准备安排队员参加合唱。选定的曲目是《我和我的祖国》。刚吃完晚饭，队员们就在餐厅集结，配合音乐开始练习了起来。两分多钟的歌，合唱的时候，记不住歌词怎么办？两名队员专门在合唱队伍前面以人工提词的方式，用手将打印好的歌词举起来，一页一页地向大家展示。外景地选择在中山站后面的一个山坡上，这里视野开阔，可以俯瞰整个中山站，就连远处的冰山也可以看到。准备好了，大家就开始在这山坡上齐声放歌。刚开始还有音乐伴奏，可是由于太空旷了，听不清音乐，始终都跟不上音乐节奏，大家就索性清唱了。

（http://news.cctv.com/2018/12/15/ARTIgm65KePpCqpMX9GOcj5X181215. shtml）

第二部分

一路徜徉，穿行伊丽莎白公主地

我很享受这种白色的孤独。天蓝雪白，色彩单调。这里几乎是生命的禁区，天空中没有飞鸟、地面上没有动物，唯有微生物可以生存，但可惜我们肉眼无法看见。一天接着一天，金色的阳光在雪面上跳舞，雪粒在大风中歌唱。只要用心，就可以看到自然的舞蹈、听到自然的音符。

一　传承初心，体验新征程

终于踏上了冰盖考察的征程。珠峰回来不看山！是的，我站在南极冰盖上，不是来看山，而是来看雪冰的！南极冰盖的雪冰，浩瀚如汪洋、灿烂如星河！我们将踏着前辈们的足迹，走向冰盖深处。科学的探索没有止境，南极冰盖厚重的历史承载着我们星球的沧海桑田，等待着我们去探索和发现。这是我们星球上的一片净土，是我们敬畏自然和学习自然的天堂！祝愿我们的考察成功！

■ 从中山站看南极冰盖

出发前想起当年秦大河老师关于横穿南极的报告。有一个场景记得特别清楚，他伸出左手，握住拳头，然后展开大拇指，说这就是南极，我们从南极半岛（大拇指）出发，横穿过手心，到达拳头末端，历时220天，行程5986千米。28年后的今天，我走的是另外一条路线，从拳头末端出发，去接近拳心的位置。早年秦大河老师是在南极徒步穿越，如今的南极科考则是浩浩荡荡的机械化车队，可以说今非昔比。人的生命有限，一个人的科研生命更加有限，然而科研的乐趣却是无限的。这次的冰盖之行，对我而言，则是开启了一个新的征程，踏着前辈们的足迹，体验新的生命旅程。

2018年12月18日上午9点，副领队魏福海和中山站的同仁们给我们送别。拍照、喝“上马酒”，同事们送上了诸多嘱托和祝福。10点，6辆PB车和5辆卡特雪地车，每车至少牵引三个雪橇正式出发。由于今年泰山站的基建物资较多，车辆都非常沉重。第一天行程很短，仅走了5个多小时，下午3点半到达宿营地，距离出发地约50千米。宿营地气温零下9摄氏度，风速7.9米/秒。海拔上升很快，从出发营地的200米上升到目前的1230米。

■ 队员们合影留念

■ 车队出发送别

第一天离开网络，心里略有忐忑。我似乎患上电子邮件强迫症。在有网络的地方，早晨上班的第一件事情便是查看邮件，睡觉前还要查看邮件。微信、QQ 更是无时无刻地冒出消息。南极冰盖考察，被迫离开邮件和微信，让生活慢下来、让朋友圈瘦下来，反而清理了日常生活中的垃圾信息，避开了工作中

■ 第一天车队宿营

一些毫无意义的杂事。或许全球某地发生了地震海啸、滑坡泥石流、雪灾车祸，或许巴黎街头周末的黄马甲运动还在继续，或许又有政府在禁用华为的产品，又或许媒体正在炒作某个明星的婚恋……离开这些纷杂的信息，给大脑一个清净的空间。眼前只有满世界的雪白，海岸边的阿斯曼丘陵地渐行渐远，一路南下，打开新的思绪。

【秦大河与人类首次徒步横穿南极探险】

1989 年，秦大河受国家南极考察委员会派遣，参加由中国、法国、美国、苏联、英国和日本六个国家的 6 名科学家和探险家组成的“1990 年国际横穿南极考察队”。秦大河等 6 名科考队员仅凭借狗拉雪橇和滑雪板，克服巨大的身体不适和难以想象的低温、暴风雪等恶劣气候条件，经过 220 天的艰难跋涉，徒步 5986 千米，途经南极点和“不可接近地区”，于 1990 年 3 月 3 日胜利抵达本次考察终点——原苏联和平站，完成了人类有史以来第一次国际合作徒步横穿南极洲的壮举。

■ 1989 年 12 月 12 日考察队抵达南极点后全体队员合影留念

（资料及图片来自中国科学院西北生态环境资源研究院）

二 “白夜”采集雪坑样品

12 月 19 日，离开出发基地的第二天，下午 4 点 50 分抵达宿营地，此时风速 4.2 米 / 秒，气温零下 10.4 摄氏度，风向 172 度，海拔 1930 米，行程约 80 千米，距离出发地约 130 千米。我们决定在这里采集第一个雪坑样品。

■ 车队宿营

昆仑站的副队长王焘用PB牵引车在宿营地附近推出了一个三角形的雪坑，深度超过3米。此地的积雪密实化强烈，3米的雪坑，全部是细粒雪，只有2 ~ 3个层位较为松软，有些层位非常坚硬，给采样带来了很大困难。我们计划每隔5厘米采集三个瓶装样品，10厘米采集一个袋装样品，采集全部3米的雪坑样品，但是到凌晨六点，只完成2米，只好作罢。

■ PB300雪地车

从下午7点开始到次日早晨7点，整整工作了12个小时。鲁思宇、范晓鹏一起帮忙采样，做记录。随行的新华社刘记者也非常敬业，拍照、采访，一直跟我们工作到凌晨2点。完成最后一个样品采集，感觉到胳膊酸痛、身体僵硬。每个人的帽子和胡子上都挂满了冰柱子。

■ 第一个雪坑采样

太阳从西边一直转到东边，凌晨的气温下降到零下 20 摄氏度，刮着四五级大风。我不停地采样，感觉不是太冷，倒是其他两个小伙子冻得直跺脚。风吹到脸上如刀割般疼痛，但很快就麻木了。我一工作就处于“亢奋”状态，事实上，自从 2013 年在珠穆朗玛峰（珠峰）钻取冰芯，2016 年再上珠峰，2017 年去长江源区各拉丹冬峰，之后的日子里，野外工作都是我的学生们在做，我很少“真正”自己动手做野外采样工作了，重操旧业，当然感到十分兴奋。

在我们“白夜”的采样开始，太阳沉到西边，照亮了我们南北向雪坑的上半部；太阳逐渐南移，凌晨太阳已经移到东南部，又照亮了雪坑的北部。我一边工作，一边欣赏太阳贴着地平线从西向东的漂移。突然想起有次在尼泊尔博卡拉，5 点多起床看日出，开车爬上半山腰，等待日出，很可惜云层蔽日，未能得见。但在南极冰盖，何必刻意去起早观日出呢？

■ 各拉丹冬峰

■ 南极落日

【新闻链接】

环球网特写：南极“白夜”采集雪坑样品记

在正处极昼的南极，中国第 35 次南极科考队“夜以继日”，于 19 日至 20 日趁着“白夜”完成一次雪坑样品采集。

在南极的“白夜”下，记者多次来到现场观察雪坑样品采集。午夜 12 点，温度已接近零下 20 摄氏度，在呼呼的大风中，体感温度更低。康世昌踩着梯子在雪壁上采集样品，手麻木了在胸口暖一暖，脸冻僵了捂一捂，继续采样。雪壁下，范晓鹏的帽子和胡子上挂着冰霜，鲁思宇在对样品进行编号时，手冻得连笔都难以握住。20 日凌晨两点，3 名采样人员带着寒风回到生活舱休息，此时刚刚完成 1 米距离的样品采集。休息了约 20 分钟后，他们再次回到取样现场。

“跟青藏高原相比，这里更加严寒。”在青藏高原采集过 20 多年雪坑样品，并在珠峰多次采样的康世昌说。“分析同位素指标时，需要大量的样品。与冰芯相比，雪坑能采集大量样品，样品更加丰富。白天要赶路，‘白夜’干活虽然辛苦，但取到了想要的样品，辛苦也就不算什么了。”

记者注意到，19 日傍晚时，太阳在西边照着。午夜后，太阳偏向东南。20 日早晨，太阳在东方出现。这就是极昼期间的南极，没有日夜之分，可以通宵干活。早上 7 点，3 米雪坑样品采集终于完成。

（https://baijiahao.baidu.com/s?id=1620416119154261456&wfr=spider&for=pc）

【粒雪】

该词原意专指冰川上经过一个消融季节后保存下来的湿雪，即冰川积累区表面有融水活动参与的雪。后来扩展到极地地区的干雪带。根据热动力学原理，一个系统的自由能越小该系统就越稳定，而比表面积的减小可以减少系统的自由能。由于球体的比表面积最小，因而各种形状的新雪会自动逐渐向圆球形颗粒变化，被称为粒雪化或自动圆化。据此，可将自动圆化后变成颗粒状的雪统称为不同粒径的粒雪。根据粒雪颗粒大小和颗粒间的聚合程度，可将粒雪进一步划分为细粒雪、中粒雪、粗粒雪、粒雪冰，等等。

（来源于《冰冻圈科学辞典》）

三　敬业的机械师

中山站出发到泰山站的路途中，共计 11 辆雪地车，54 架雪橇。雪地车有两种，6 辆 PB 雪地车是德国制造，最大可以牵引 35 吨，5 辆卡特雪地车是美国生产，可以牵引 60 吨的货物。计划到达泰山站后，其中 5 辆雪地车牵引 17 架雪橇前往昆仑站。昆仑队的车队总体上运货不是太重，每车 20 ~ 30 吨。队伍走走停停，卡特车兼顾来回运输，5 辆车拖运 9 组雪橇。6 辆 PB 车行进 70 千米，卡特车运输距离则是 140 千米，如卡特车无法拖拽，PB 车就会去救援。PB 雪地车的行程速度是每小时 12 ~ 14 千米，但需等待卡特运输两次，所以总体的行进速度比较慢。车队前进时常会遇到故障，幸亏考察队的机械师们依靠高超的技术和无私的奉献精神完美地解决了全部问题。

■ 前进的车队

车辆在路途中时常出现故障，1 号车在出发的第二天就遇到油路故障，停车维修 3 次。其他诸如雪橇螺丝松动、大梁插销丢失等小毛病也频频出现，每次机械师都不得不维修很久，有一次一辆卡特车的减震带故障，直到凌晨 5 点机械师们才修好。距离昆仑站 20 千米时，二号车上一个雪橇的大梁插销掉了，只好停车修理。机械师们用卡特车吊起雪橇，再用钢丝绳把大梁和雪橇捆绑固定。在昆仑站，我们用小黄铲雪地车清雪过程中遇到了两年前遗留的被雪完全覆盖的空油桶。由于看不见障碍物，雪地车铲雪遇阻、加油过猛导致传动油管破裂，雪地车趴窝了。三位机械师（沈守明、王焘和方正）诊断故障、提出修理方案，马上开始工作。王焘躺在车底的雪地上，脸上挂着冰屑，油污一滴滴落在贴了胶布的羽绒裤上，在这样狭小的空间，他的脸几乎贴到了车的底盘，就这样拧螺丝、卸油管。沈师傅拿着大套管，也在费力地拧螺丝。我们偶尔打打下手，5 ~ 10 分钟便已感到寒冷难耐，而机械师们却在零下三十多度的气温下趴在雪地上工作，前后持续了一个小时。为我们英雄的机械师们再次点赞，他们是南极科考的基石和功臣。

■ 维护雪橇

■ 准备拖车

■ 修理雪地车

■ 机械师在维修车辆

漫长行进的日子里，我和沈守明师傅在驾驶室，一路聊天，感觉不错。沈师傅生于 70 年代，是一名技师。6 台 PB 雪地车，他在最后，主要是保障车辆

■ 我和沈师傅在雪地车内自拍

运行安全。如果哪台车出了机械故障或小问题，他都会诊断解决。第四天下午宿营后，在沈守明师傅的指导下，我学习驾驶PB车，操作非常简单，比城市开车容易多了，只是雪面在风力作用下很不平整，在起伏路段需要减速，以减少颠簸跳跃。

【南极雪地车】

中国南极科考队使用了两种雪地车，分别为卡特雪地车和PB 300（Piston Bully 300 Polar）雪地车。卡特雪地车由美国卡特皮勒公司（CATERPILLAR）为南极科考定制，自重达24吨，牵引力60吨。这款重型雪地车的原型是农用拖拉机，为适应南极内陆恶劣环境，雪地车进行了适当改装，发动机外部、车辆底部加装了防护钢板，驾驶室里加装了副驾驶座椅，车辆的电瓶、机油箱等部位加装了加热系统，以防部件在严寒天气中被冻坏，如今已成为各国在南极考察现场使用的主力车型。PB系列雪地车由德国凯斯鲍尔公司（Pisten Bully）生产，自重8.4吨，牵引力约35吨，近年来在南极科考中使用越来越广泛。经过改装升级的雪地车主要负责拖拽装有生活舱、发电舱、科考仪器、生活设施等的雪橇。由于PB系列采用专业的钢制履带，因此在雪面和冰面上都具有良好的通行能力。在雪面满负荷拖拽时，平均时速为14千米，一天只能行驶约100千米。该车还可以根据工作需要，加装铲斗、雪铲、吊车、雪犁等特殊设备，以便装载、铲雪、起吊和平整雪面，功能齐全。

（修改自《中国海洋报》）

四　享受白色孤独，回忆极地往事

雪地车无情地碾过雪面，雪沫在宽大的黑色履带间飞舞。阳光下熠熠生辉的雪面上，我们身后的车辙伸向远方，直达天际，给雪原刻上了生命的音符。11 辆雪地车组成的车队在雪地上延伸数千米，车队看似浩浩荡荡，然而处在这无垠的雪原大地上，渺小得如同搬家的蚂蚁。车窗外雪粒在劲风中快速向西飘去，对讲机里有的闲聊，有的在指挥，偶尔有人放放歌曲。美丽精彩的雪原工作！

■ 行车场景

转眼到了北半球的冬至，也是南半球的夏至。尽管是夏至，南极冰盖还是非常寒冷。一整天，除了风雪，还是风雪。阳光在雪地上跳舞，永无止境的白色世界。我很享受这种白色的孤独。天蓝雪白，色彩单调。这里几乎是生命的禁区，天空中没有飞鸟，地面上没有动物，唯有微生物可以生存，但可惜我们肉眼无法看见。一天接着一天，金色的阳光在雪面上跳舞，雪粒在大风中歌唱。只要用心，就可以看到自然的舞蹈，听到自然的音符。

■ 白色大地上的孤独静谧

即便是傍晚时分，太阳还是“暖洋洋”的。想不到在冰天雪地的南极，夏天的太阳如此诱人。阳光在雪地上泛着金光，暖暖的，柔柔的，微风吹来，竟散发着一丝阳春三月的气息。住舱外的营地静悄悄的，只有发电机沉闷的声音。30多人的队伍，差不多一半的人员还叫不上名字，吃饭和行程中总是吵吵闹闹，但傍晚过后，一切都安静下来。住舱里面虽略显拥挤，但尤为清静。避开了日常的杂事，可以整理记忆、遥想未来。晚上睡眠很好，关掉电褥子，不冷不热，室友们亲切的呼噜声都已经不再是“噪音”了。

■ 傍晚时的阳光

■ 车队宿营

南极的清净，让我想起了20多年前在北极的生活。1996年元月我去了斯瓦尔巴岛，在其首府朗伊尔城（Longyearbyne）的UNIS（University Centre in Svalbard）学习半年。我当时选修了两门课，冰川气象学和海洋物理学。那是我第一次出国，第一次完全用英语交流，第一次知道电子邮件（Email），第一次经历极昼和极夜，第一次被同学拥抱……尤其关键的是第一次周围没有中国人。老师上课或同学们讨论问题时，刚开始说着英文，不觉然间，北欧语言便出现了。他们偶尔回头，看见我一眼茫然，便又开始了英文。我也有自己的生活方式，学校里读文献，回宿舍背英文单词。我每周最大的乐趣和期盼便是读中文"新语丝"的周刊，乃至于经常打印出来，拿回宿舍慢慢细读。由于几个月没有讲中文，去机场接同学普布次仁，说出来的第一句话居然是家乡话而非普通话。斯瓦尔巴岛的4个月，没有孤独，有的是对未来满满的期望。4年前，我又见到几位在UNIS的同学，可惜有些人已经离开科研，比起他们我庆幸自己能始终从事科研工作，做自己喜欢做的事情！

在宿营的时候，看美国作家彼得•马修森的《雪豹》（*The snow leopard*）（宋碧云翻译），里面的很多景色、宗教和人文观点我很有认同感。温暖的被窝、

■ 喜马拉雅南坡的Gosaikuda

温馨的小灯，只是作者入禅太深，满篇瑜伽、道、迷幻、不同的自我。不过20世纪70年代的美国人，已有深刻的环保意识，对喜马拉雅山中部尼泊尔山区大量砍伐森林、开垦耕地造成水土流失感到深深的担忧。作者表达了“天人合一”、尊重自然的思想。我的思绪也时常被拉回尼泊尔考察的时光。博卡拉、乔姆森、木斯塘地区，如同电影一般在眼前浮现。2010年9月与加德满都大学的Suboda教授一行去Gosaikuda湖采集样品，第一次领略了在喜马拉雅山南坡徒步的魅力。我们乘坐大巴车到达海拔2000米的东启镇，然后用两天时间徒步攀登到海拔4200米的Gosaikuda湖。从海拔600米的亚热带气候攀升到季节雪线附近，短短三天时间我们看到了香蕉树、桦树、杜鹃树，再到针叶林（喜马拉雅云杉）、灌木、苔藓和地衣，最后是冰川消失后留下的冰碛物。山路弯弯，引导着我们穿越亚热带来到高寒区，欣赏了地理学的垂直带谱中丰富的地貌和植被景观。

■ 尼泊尔科考照片

【雪线】

雪线指消融期末积雪存在的下限。由于雪线以上的雪或粒雪存在一年以上而积累，因而通常有冰川发育。冰川通过运动向下游输送物质，冰川的下游部分就延伸到雪线以下。所以，雪线是夏季末冰川下游裸露冰与粒雪区的界限，因而又称粒雪线。如果冰川上有附加冰带存在，粒雪线就是附加冰带的上限，而物质平衡线则为附加冰带的下限。粒雪线是看得见的，而物质平衡线则是通过观测计算得到的。雪线除受气象和气候条件控制外，地形因素也很重要。受地形因素影响，若局地雪线高度与某一区域的平均雪线高度差异很大，这种异常的局地雪线又被称为“地形雪线”。某一山区或一个区域平均雪线高度被认为是反映气候条件的重要标志，因而又称为“气候雪线”。另外还有“季节雪线”“瞬时雪线”等名词，但气候意义不大。

（来源于《冰冻圈科学辞典》）

五 泰 山 站

12 月 24 日，气温零下 8.2 摄氏度，风速 8.2 米 / 秒，海拔 2600 米，到达历次中国南极冰盖考察具有标志性的 464 千米处宿营。此处是去昆仑站（泰山站）和格罗夫山的分界点，一天的行程可以同时到达格罗夫山和泰山站。早在第 17 次南极考察时，便在此处设立了路标，指向格罗夫山和昆仑站，但因为时间久远已经被雪埋没。

从考察基地出发到达泰山站，共计走了 8 天，行程约 520 千米。此时，气温零下 11.5℃，风速 7.0 米 / 秒，海拔 2641 米。远在 10 千米之外，便可以遥望泰山站，隐隐约约的一个黑点。近前，扁平状的泰山站主建筑矗立于雪原中一个小丘陵上，主体是褐红色，中间一圈白色，非圆形而是多边形，有 16 个边（面），每面上有一个窗户。远看如同一个灯笼，也很像一个飞碟。泰山站主建筑由 8 个钢柱支撑，以便下部风吹雪通过。“人心齐、泰山移”，大概是泰山站名字的由来吧。

■ 形似灯笼的泰山站

泰山站距离中山站 520 千米，距昆仑站 730 千米，距离格罗夫山一天的车程。建立泰山站的目的是作为一个交通中继站。飞机可以从中山站起飞，途经泰山站加油，到达昆仑站。此外，去格罗夫山考察，亦可以作为补给站。泰山站已经建设了 520 机场，今年雪鹰已经在此起降并加油，实现了中山站到昆仑站的飞行任务。这对未来的南极内陆科考将起到极大的促进作用，解决考察队员把大部分时间消耗在地面交通上的问题。

2013 年 12 月泰山站动工建设，2014 年 2 月完成主体建筑。本次考察泰山队的任务是建设水、电、暖等附属设施。未来作为科考度夏站，可以保障科研和后勤人员的生活起居。二期工程进展顺利，目前正在做扫尾工作。主楼（灯笼）内已经供电供暖，十分温暖，穿着连体服感觉到“热”。二期工程的供热、供暖、供水、消防系统全部安装在位于雪面以下的集装箱内。从侧面进入，有一个通道，由集装箱拼接起来的地下室包括两台柴油发动机、新能源光伏风力发电电池组及控制系统、消防控制系统、供水（化雪）系统和污水处理系统、供热系统、视频监控系统等。泰山站的风力非常大，一个月后返回，风吹雪已经掩埋了很多物品。泰山站的生活舱旁边堆起了 2 米的雪墙，雪地摩托车只剩下把手。但是泰山站的队员在这一个月的时间里加班加点，顶着暴风雪完成了任务。

泰山站的自动气象站建立于 2012 年，传感器、数据采集器及超低温电源系统可以耐零下 70℃的低温。其数据通过 ARGOS 通信系统实时传输到全球

■ 泰山站附近的自动气象站

气象资料交换系统。气象站有双层风速风向、气温、气压、相对湿度、雪温传感器，以及一套四分量辐射仪（上行和下行的长波短波辐射）。我在距中山站约 500 千米处停车时，也看到了一个自动气象站，也是双层常规观测和雪深仪，数据无线传输。南极的地面气象资料极其缺乏，目前从中山站到昆仑站的自动气象站的总数可能不超过 10 个。

■ 泰山站附近的一处气象站

晚餐后整理科考物资，我们的雪冰采样工具和样品箱由泰山站的货舱转移到昆仑站的货舱，装满了整整一个三联箱。计划在回程的时候采集雪坑及表层雪样、测量冰盖物质平衡、架设一台自动气象站。

虽然 8 天行程共 520 千米，但由于需要来回运货，卡特车队行程可能超过 1000 千米。从中山站出发，我们一直在东南极伊丽莎白公主地行进。这一区域是冰盖边缘迅速向高原过渡的区域，地形坡度相对较大，因此下降风盛行，风速接近 10 米 / 秒，形成了大量的雪垄。这些雪垄有时候看着是平坦的雪地，但雪的软硬不同，车辆通过，车辙凹凸不平，非常颠簸。有一天我的手机居然颠出 20 000 多步。

■ 凹凸不平的车辙

12月27日，昆仑队的考察队员在泰山站仅休息了一天，早上8点半继续出发。天气很好，风力3级，无地吹雪，气温零下11.5摄氏度，风速7.0米/秒。泰山站的队友们给我们送别。中山站出发到泰山站，共有11辆雪地车，54架雪橇。离开泰山站，只有5辆雪地车牵引17架雪橇前往昆仑站。目前我们昆仑队的车队总体上运货不是太重，每车20～30吨，轻装上路，行进速度加快很多，后面的几天基本每天行程100千米。

【泰山站简介】

泰山站由中国第30次南极科学考察队于2014年正式建成，是中国在南极继长城站、中山站和昆仑站之后的第四个科学考察站。泰山站位于中山站与昆仑站之间的伊丽莎白公主地，距离中山站约520千米，海拔高度约2621米，夏天常有暴风雪，是一座南极内陆考察的度夏站，年平均温度零下36.6摄氏度，可满足20人度夏考察生活，总建筑面积1000平方米，配有固定翼飞机冰雪跑道。泰山站与昆仑站遥相呼应，同时能支撑格罗夫山等南极关键科考区域。泰山站的建立，进一步推动中国南极考察从南极大陆边缘地区向南极大陆腹地挺进。

（来源于国家海洋局极地科学考察办公室）

■ 侧看泰山站

六　冰晶雨和南极日晕

12月29日下午出现了日晕，太阳周边是一圈圆圆的光环。傍晚，日晕更加漂亮。第一次看到晴天冰晶雨。在傍晚的阳光下，冰晶纷纷扬扬、四处游荡，发出闪闪的银光，如黑夜的萤火虫、如房间内光缝中飞舞的灰尘。今天刮西北风，把大洋上的水汽搬运到内陆。由于南极内陆气温非常低，水汽直接凝结成冰晶而降落，即使在晴空下，只要水汽略为充盈便可形成冰晶雨。

■ 绚丽夺目的冰晶雨

晚上9点左右，日晕发展到极盛，出现三个“太阳”。西边的地平线上方被装饰成灯火通明的巨大舞台。中间的太阳光线四射，左右两侧的小“太阳”

如同锥形，锥尖分别向左、右发射出白光，并带有朝上的弧度。更神奇的是，与圆圆的日晕对称，在日晕上方有一个反向的半圆形彩虹，色泽艳丽，由内圈的淡蓝色逐渐过渡到暗红色。第二圈日晕也时隐时现。金色的阳光下，七彩的冰晶聚在舞台上一起跳舞，各自展示着妙曼的花衣和绚丽的舞姿。北风是一个优秀的鼓手，正在竭力演奏着激昂的旋律，只有雪原安静地等待着孩子们回家。从科学角度看，形成日晕，是由于太阳光被大气中的水汽或冰晶折射了，产生七彩之光。但同时形成两个日晕和一个反向对称的光环，实在是罕见。

■ 绚烂的日晕

【冰晶雨】

冰晶雨是指在近似晴朗天气下发生的一种特殊的降雪天气。它由地面附近形成的数以百万计的微小冰晶造成，当它们在空中慢慢浮动时（很像房间里的灰尘），反射阳光并使得它们像钻石一样闪闪发光，因此其直译为“钻石灰尘雪”（diamond dust snow）。冰晶雨主要发生在南北极地区，它的形成是由于在极端低温下，地表形成逆温层，冷空气位于近地表，而上层空气较暖。暖空气包含更多的水蒸气。当这种更加温暖、潮湿的空气与下面的冷空气混合时，它的水蒸气被带入冷空气中，然后可能形成冰晶。

（修改自《冰冻圈科学辞典》）

【日晕】

日晕是一种大气光学现象，是太阳光通过空气时，受到冰晶的折射或反射而形成的。当光线射入空气中的冰晶后，经过两次折射，分散成不同方向的各色光。南极由于冰盖的存在，大气中冰晶体较多，日晕现象较为明显。有时在日晕两侧的对称点上，冰晶体反射的阳光尤其明亮，出现并列的多个“太阳”，称为幻日。

（来源：知网医科）

七　路途中的新年和感想

早上起床，突然想起今天是2018年的最后一天，“时间都去哪儿了？”凝神之际，2018年如电影般逐一闪过。从答辩会场到评审会场、从国内航班到国际航班、从学术会议到行政会议，我每天像吝啬鬼一样计算着时间，从睁开眼的微信到关灯前的邮件，从项目文案到论文修订，从教案的PPT到IPCC（政府间气候变化专门委员会）特别报告的周例会，从各类评审到各类答辩，卡着时间完成自己的职责。行程也从南美厄瓜多尔的赤道纪念碑到阿拉斯加的极光，从瑞士达沃斯夏季的高山徒步到北美新英格兰的古典学院，从芬兰夏季干旱的米凯利到南极荒芜的雪原，从三亚到长春，从拉萨到上海，从天山到喜马拉雅山，天南地北。山峰刺破蓝天，雪冰映射着夕阳。

2018年的最后时光，欣欣然在洁白的雪原和暖洋洋的夕阳中度过。太阳向正南方移动，范晓鹏刚刚完成16米的电热钻钻孔，放置了测温探头；机械师们还在修理着卡特雪地车。这是一个忙碌和难忘的夜晚，2018年的最后一个夜晚。

国内已过午夜，跨入2019年。我们的时间比国内晚三小时。冰盖上的夜晚，居然可以在南极晒太阳。午夜风静时，队友们显得十分兴奋，在雪地上飞腾跳跃，拍照留念。遥远的北方，是我的家乡。远离祖国和亲人，在地球的最南端，在这无垠的冰原，内心感激让我度过了一个独特、温暖的年末。

回想过去，从1984年我国在南极的第一个科学观测研究站——长城站落成，我国的南极科学考察已经经历了30多年。为了总结过去30年的考察研究进展，自然资源部极地考察办公室组织专家，编写了各个学科的研究进展和未来展望，于2018年出版了《从地幔到深空：南极陆地系统的科学》（刘小汉主编）。该书涉及南极大陆的地质、地球物理、古气候环境、大气物理与大气环境、生态与环境、测绘与遥感应用、冰川学、高空大气物理、天文学、陨石以及极端环境下生理心理适应等诸多学科。我长期在青藏高原“云游”，对南

温暖而宁静的冰原

极了解较少，这本书算是我的南极科研入门教程。

地球科学的研究，首先需要第一手的野外观测数据。以研究气候变化为例，我们的研究基础是来自全球数以万计的气象站观测资料，其中有些气象站的资料超过百年。然而，南极1400万平方千米的广袤区域，仅仅有130多个气象站，相当于每10万平方千米只有1个气象站，而其中有连续观测的气象站只有20多个。同我国做个比较，我们每个县都至少有一个气象站，大约每10万平方千米有25个气象站。显然，南极大陆的气象监测资料在时间和空间上是远远不够的。尽管如此，科学家对这些气象资料的分析发现，南极西部的南极半岛升温比较明显，与全球升温的大背景是一致的，但南极大陆主体（或内陆地区）气温变化不显著或略有下降。以南极半岛的长城站和东南极的中山站为例，长城站地区升温显著，但中山站区域不明显。科学家试图通过大气环流来解释这种区域差异。有人认为最近数十年来南极上空的极涡（绕极流）在增强，导致高空（平流层）的冷气团在南极内陆地区下沉到地表，带来了地表的降温。事实上，地球是一个复杂的系统。因此，目前的气候变化是一个系统的变化。在一个系统内，一个因子的变化，可以导致一系列的变化，即牵一发而动全身。气候变化和变化的内在机理并非线性，而是一个综合的、复杂的、相互作用和互相反馈的结果。

再回到野外监测资料。对于南极这个没有永久居民的偏远之地，利用人工来实现高时间和空间分辨率的监测实在是有难度。例如我们这一次考察，简易的气象监测只能是晚上宿营做一次。可喜的是高技术给我们的科研也提供了便利。在中山站到昆仑站 1258 千米的考察断面上，就有 6 台自动气象站在实时监测气温、气压、相对湿度、风速风向、辐射等，并通过卫星通信直接把数据传到办公室。同时，不同类型的卫星也可以提供气象资料。只是，卫星资料需要计算和验证，才能作为近似实际数据来使用。而地面上人工和自动监测的数据则是验证卫星资料所必需的。通常来讲，验证数据越多，用卫星反演的数据越接近真实值。

■ 我在冰盖上的照片

新年，预示着希望，预示着人生的新起点。新年的第一天，全天几乎是静风，太阳下能感受到一丝丝暖意。上午有淡淡的日晕，圆圈内部呈暗色。中午升国旗，唱国歌！没有外界的任何新闻，即使全球发生了或正在发生任何重大的事件，我们都置身事外，不受任何影响。与世界隔绝，不知道对人的心理有何影响，至少目前 16 个队员还保持着生龙活虎的状态。我们在这片大陆上努力监测各类数据，力求对南极的气候变化和环境状况有越来越清晰的认识。这也是年复一年的考察队的首要任务。

■ 元旦升国旗合影

八　“舒适”的南极科考

1月2日，冰盖考察第15天，翻越了一道又一道的小山梁，已经到了海拔3730米，次日海拔达到4040米。现在略一活动就有些气喘，心跳接近80次/分。心率等指标已经属于高原的水平，血氧和心跳各80多。但毕竟是半个月的时间从中山站（海平面）逐步到达4000米的高度，我没有什么不适的感觉。长期在青藏高原上开展工作的我，对于高原反应的适应已经融到了血液里，底子还是很厚的。

每天重复的程序，上午在颠簸的车内看书、在手机上记录见闻，下午开车听歌。比起车外的酷寒和大风，温暖的车厢内非常舒适。雪地车车窗大，视野开阔。早晨，车窗上凝结着一簇簇雪花，如同我国东北挂在树上的雾凇。雪面上的冰晶，星星点点，闪闪发光，如同暗夜的繁星闪烁。

■ 住舱内的自拍照（2019.1.5）

相对于青藏高原的冰川考察，南极冰盖考察的条件好多了。我们在生活舱兼厨房吃饭、开会、聊天等。住宿舱长约6米，宽2.4米，上下床铺，八人住宿，每人有放置物品的箱子，略显拥挤。南极考察的住宿舱，晚上供电，有电暖气、电褥子，温暖舒适。我们四人一个书桌，晚上可以读书、工作。即便在午夜，住舱内气温也能到20多摄氏度。由于空气相对湿度降低，非常干燥，

■ 南极科考住宿舱及餐车

■ 泰山站的火锅大宴

有些队员鼻孔出血。在泰山站时，甚至可以在主楼吃火锅，但由于水电还没有连通（这是今年的建设任务），只是临时性的通电，就算吃的是火锅，还是比较冷。我们洗漱和饮用水都是由最洁净的南极雪融化而来。宿营后第一件事是启动发电机，取雪融水，大厨准备晚餐，其他人给车加油、开展科研监测等。

但青藏高原的冰川考察，只有帐篷，特别是在高海拔地区。通常是用石头搭建起灶台，用箱子支一个案板，炒菜做饭在帐篷的一角。有时候厨师和科考队员甚至只能在厨房帐篷内睡觉。大部分时间没有床，席地而卧。珠峰考察，我们通常宿营在冰碛垄上，乱石林立。我们尽量找几块略微平整的石头，铺上防潮垫、皮褥子。每天晚上都在不断地挪动身子、变换睡姿，试图避开尖锐岩石的直接“顶撞”，寻求一个相对平缓舒服的位置。有时候，我们还需要在冰川上宿营。有一次珠峰考察，我在6300米的远东绒布冰川住了一个月，离开时冰川雪面上居然印着一个完整的人的形状。

■ 东绒布冰川的小帐篷

■ 珠峰科考营地

【高原反应】

高原反应即急性高原病（acute high altitude disease, AHAD），是人到达一定海拔高度后，身体为适应海拔升高带来的气压降低、含氧量减少等而产生的自然生理反应。长期生活在低海拔地区的人群一般在3000米以上就会有反应。在含氧量较低的冬季，高原反应更加明显。但经常在高海拔地区工作生活的人群则在更高的海拔才会出现反应。

高原反应包括急性和慢性高原反应。由平原进入高原或由高原进入更高海拔地区后，机体在短时期发生的一系列缺氧表现称为急性高原反应。慢性高原反应为有些人通过长期不断的调节过程仍不能适应，以致形成一种高原机能失调的现象，呈现一系列临床症状。慢性高原反应又称为“机体机能失调”。一般认为凡进入高原三个月后，仍有部分或全部高原反应症状，可视为慢性高原反应。

高原反应的症状一般表现为：头痛、心慌、气促、食欲减退、倦怠、乏力、头晕、恶心、呕吐、腹胀、腹泻、胸闷痛、失眠、眼花、嗜睡、眩晕、手足麻木、抽搐等。体征为心率加快、呼吸加深、血压轻度异常、颜面或四肢水肿，口唇紫绀等。慢性高原反应临床表现多种多样，症状可以是上述表现的部分，也可以是其大部分或全部，症状时隐时现，返回低海拔地区后一般可消失，与急性高原反应的临床表现有较多的相似之处。

（修改自 http://www.a-hospital.com/w/%E9%AB%98%E5%8E%9F%E5%8F%8D%E5%BA%94）

九　致敬国旗

1月2日，到达第15次内陆考察队1100千米折返点，2004年内陆队在此地钻取了浅冰芯，布置了冰盖物质平衡花杆测量矩阵。此处有一个两层的自动气象站，通过卫星通信传输数据。西斜的阳光照在雪地上，雪晶反射出五颜六色的光彩，如繁星闪烁点缀夜空。随着车子移动，色彩不断变幻，如同进入梦幻世界。

取下了第33次考察队悬挂的国旗。尽管当时把国旗套在圆筒中，但两年后红色的国旗已经褪色为浅黄色，这面国旗准备带回国收藏。考察队重新挂上了新的国旗。

■ 更换国旗

■ 新的国旗迎风飘扬

这让我突然想起 20 世纪初期悬挂在南极点的挪威和英国国旗。1911 年 12 月 14 日，挪威探险家阿蒙森带队抵达南极点，开创了人类历史上首次到达南极点的先河。一个多月后，1912 年 1 月 18 日，英国探险家斯科特等 5 人到达南极点，成为第二批到达者，英国国旗同样飘扬在了南极点。然而在极度失望的情绪笼罩下，斯科特的队伍仍然克服了无尽的艰辛，在回程中走了两个多月，1912 年 3 月 29 日，在暴风雪的肆虐下，剩下的三人为了自己的梦想长眠于南极的冰晶世界。

诚如茨威格所言（《人类的群星闪耀时》）：“……千万年来，地球正是以这两个（南极和北极）几乎没有生命、抽象的极点为轴线旋转着，并守护着这两个洁净的地方不致被亵渎。她用层层叠叠的冰障隐藏着这最后的秘密，面临贪婪的人们，她派去永恒的冬天做守护神，用严寒和暴风雪筑起最雄伟的壁垒，挡住来往的通道。死的恐惧和危险使勇士们望而却步。只有太阳自己可以匆匆地看一眼这闭锁着的区域，而人的目光却还从未见过她的真貌”。

进入 21 世纪，人们探索南极的工具不再是上世纪初的狗拉雪橇、西伯利亚矮种马，不再是人力拖拽雪橇，也不再是罗盘和羊皮靴。我们拥有了高度现代化的机械，航空和地面并举，也有了舒适的生活舱和丰富的食品。我为 21 世纪的南极科考欢呼，也为每次升起鲜艳的国旗而自豪！沿着先辈们的足迹，为探索地球上最后一个大陆而奋进。

十　危险，冰裂隙

离开泰山站约 40 千米，看到了十多个冰裂隙，沈守明师傅在一个较大的裂隙前停下来，我站在雪地车履带上目测宽度并照相。行进到 70 多千米，经过了冰裂隙密集区，我先后数了大大小小 21 个，其中有 10 多个宽度在 60 厘米到 1 米左右的裂隙。第一次开车看到 1 米以上的裂隙，有些紧张。由于沈师傅在睡觉，我没有停车，遇到裂隙加速越过，或在较宽的裂隙边缘略转方向通过。很遗憾因为行程，没有对冰裂隙拍照。我们是第三台 PB 车，前两个 PB 车经过，在雪橇的重压下裂隙口初露。后来沈师傅说一般 1 ~ 2 米的裂隙对雪地车来说危险性并不大。但第 29 次考察队在距离出发基地 4 千米处，卡特雪地车曾陷入冰裂隙。通常遇到这种情况，雪地车绝对不能停车，更不能掉转方

■ 在沿途遇到的冰裂隙

向或后退。可能当时驾驶员过于紧张，做了停车和后退的尝试，导致该卡特车半个车身滑入冰裂隙。副驾驶员出车门后半个身子也陷入裂隙。很幸运，最终没有人员伤亡。

想起2005年4月珠峰考察时，我掉入冰裂隙的情景。当时我们在海拔6500米的东绒布冰川垭口采集气溶胶和雪坑样品。我已经是第七次到冰川垭口工作，知道垭口附近有冰裂隙。垭口是分冰岭，南、北侧的冰体分别向南、北方向流动，导致垭口出现裂隙。记得1998年时看到的冰裂隙非常宽，接近10米，看上去就像一个小的沟壑。一阵大风刮来，把我蓝色的采样桶（内装各种采样材料）吹向南侧10多米。我手持一个铁锨追了上去，想着如果掉入冰裂隙，铁锨把或许能抬住我的身体。就在一瞬间，我身体突然下沉，脑子一片空白，毫无意识地松开了抓铁锨的手。慌乱中，我用脚蹬住了冰壁，非常幸运的是裂隙40 ~ 50厘米宽。此时，我的身体全部没入冰裂隙，伸长手臂也够不到雪面。喊叫、打口哨，附近工作的同事们还是听不见，因为有气溶胶采样器的泵正在发出噪声。良久，应该是5 ~ 10分钟，队员丛志远发现我不见了，判断是掉入冰裂隙。几个人终于围上来，带了一小节绳子，我拉着绳子爬出裂隙，坐在雪面上，心有余悸！

■ 珠峰东绒布冰川冰裂隙

在冰川上工作，冰裂隙是最大的危险，原因是绝大部分时间裂隙被雪覆盖，很难直接看到。每个考察季节开始，先是在冰川上探路，3 ~ 4 人结绳行进，探路的过程就是寻找冰裂隙的过程。当人步行经过，裂隙表面的雪支撑不了，人便陷入。更多时候是脚和腿陷入，像我在东绒布冰川垭口的遭遇相对很少。1997 年在希夏邦马峰达索普冰川考察期间，我前面一个队员半个身子陷入裂隙，幸亏他的背包卡在雪壁上而没有全部掉下去。但我另一个年轻的同事，多年前在冰川考察中掉入冰裂隙，牺牲了宝贵的生命。前年美国冰川学家 Golden Hamton，我在缅因大学工作期间的同事，在南极麦克默多站附近驾驶雪地摩托车探路时掉入冰裂隙，也为科学事业献出了生命。

冰是塑性体，冰川是可以运动的。由于冰体各部分移动的速度不同，冰体容易断裂形成裂隙。冰川下部的地形越陡越容易形成冰裂隙。如果冰裂隙裂口直接暴露在冰川上，可以明显地看到，就可以采取防护措施，例如搭梯子或木板作为桥梁通过。在珠峰前进营地到北坳（海拔 7028 米）的登山路线上地形陡峭，我见到过宽 7 ~ 8 米的裂隙，两个铝合金梯子连接起来，搭在冰裂隙两端供登山者通过。最危险的冰裂隙是被雪层覆盖、在冰川表面无法被辨识的。如果冰裂隙宽度超过 1 米，深度几十米以上，人掉进去生还的可能性很小。像电影《垂直极限》的情节，救援掉入冰裂隙的队员其实是艺术化和理想化了。

今天是我第一次目睹南极冰盖的冰裂隙，好在有惊无险！

■ 在梯子上跨越冰裂隙

■ 珠峰下的东绒布冰川

【冰裂隙】

冰裂隙指冰川流动过程中，当冰的张力超过冰的抗张强度时，断裂形成的裂缝。冰川运动产生的压力导致冰层裂缝的开闭。冰裂隙的形态呈线状或弧形。冰川流动过程的速度差异，也会导致冰裂隙产生。由于冰川在运动过程中底部岩石的摩擦作用，冰川中间的部分往往比冰川边缘运动得更快，从而造成冰裂隙的产生。

冰裂隙通常呈现垂直的墙壁状，深度一般可达数十米，宽度则在十几厘米到十几米不等。对于穿越冰川的登山者或者科学家而言，冰裂隙具有巨大的危险性，掉落者极有可能导致死亡。一些相对狭窄的冰裂隙更加危险。因为其顶部可以被降雪填满形成一个雪桥，导致缺乏经验的徒步者无法看见冰裂隙。雪桥并不稳定，往往会在徒步者身体压力下突然断裂，导致悲剧的发生。

（来源于《寒区水文学》）

十一　雪丘、雪垄和白云

南极冰盖的行程，日复一日都是单调而无穷无尽的白色，一直延伸到远处的地平线，过渡到天空的蓝色。在雪面上，星星点点的雪丘如同静态的雕塑，点缀着荒芜的白色世界，为寂寥的雪原增添了不少生机和活力。地表随处可见被风刻蚀形态各异的雪垄、雪丘，有的如龙头，有的如和谐号车头，有的如河边细纹，层理清晰。

南极冰盖雪的积累和损失主要受到风速和风向的影响。由于雪面并不是很均匀，如果有任何一个障碍物对风形成阻挡，风速便急速减小，携带的雪便停留下来，形成雪垄，随后雪垄越积越高，沿主风向越来越长。而当雪垄过高过大时，风的侵蚀作用开始，如同干旱区的雅丹地貌一般。大风会把雪垄刻蚀成丰富多彩、千姿百态的造型，造就了南极特有的奇特景观。

大风中，无数的雪粒在劲风的推动下，自东南向西北方向翻滚，形成一条

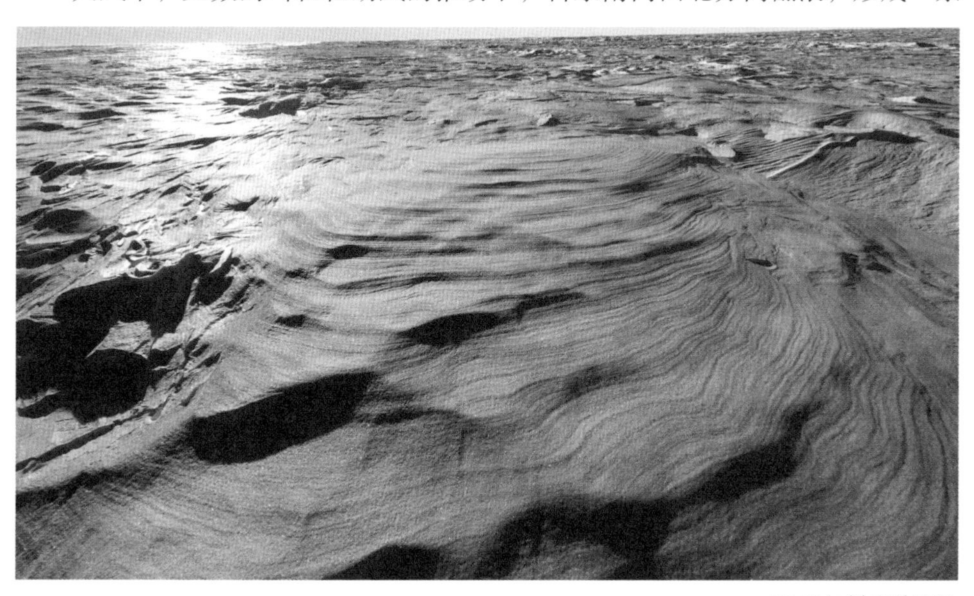

■ 形如梯田的雪纹

条雪粒汇成的河流，犹如平原地区泛滥的江河，寻找低地夺路而行。雪垄的迎风面形成一道道雪纹，如黄土高坡的层层梯田，如河岸边流水冲刷泥土形成的细纹，又如沙漠中的一垄垄纹理。这里是风的天下，风是地貌的塑造者，削峰填谷。一切因风而存在，又因风而消逝！巨型的雪垄被风雕刻成另一个精彩纷呈的世界。

风力刻蚀的雪丘和雪垄鳞次栉比，排列有序。雪丘如羊背、如龙头、如鹰嘴，还有一些如侧放的贝壳、如匍匐前进的企鹅。雪垄上如同人工的梯田，一层层错落有致，又如人工雕琢的石器，棱角分明，表面光滑。有些雪丘孤零零地矗立在雪原，如同大海上漂浮的零星海冰。

事实上，冰盖上盛行下降风，方向偏东南，造就了朝向东南方向的雪丘和雪垄。雪丘一般朝向为南偏东，似乎每天迎接着朝阳的升起。蓝天在白云的映衬下，比蓝色更蓝！我相信再好的美图软件也无法调配出如此炫丽的色调。太浓则妖艳，太淡则灰暗。此刻的雪丘如同一群在大海中游弋的虎鲸，浮出水面时展露出尖尖的头部，圆滑的背部；又如天空飞翔的巨龙，龙头挺拔，龙须在猎猎寒风中潇洒抖动。

■ 犹如龙头的雪垄

■ 形态各异的雪丘

剧烈起伏的地表上，雪垄呈现出千姿百态，在阳光下熠熠生辉。有的如食蚁兽爬行，伸着长长的舌头；有的如恐龙，背部驮着几道锋利的剑刃；有的如海豚，浑圆的身体跃出了水面；有的如海龟，驮着扁平的龟壳，小小的头伸了出来，张着大嘴；还有一大一小如同老鳄鱼驮着小鳄鱼。有些雪垄侧面为层层细纹，如同流水荡漾过的沙滩，也像高山上的层层梯田。每次停车休息，队员们都会拍摄不同造型的雪丘。尽管经历了颠簸之苦，突然看到此番美景，队员们兴奋异常，相机的“咔嚓”声接连不断，对形象逼真的造型啧啧称奇！

■ 车队穿过雪垄

■ 拍摄雪垄的队员

在南极冰盖的很长时间没有看见白云。行程第11天，北风吹来了海洋上的水汽，终于见到了久违的白云。西南的天际线上，云层间隐隐约约浮现山形，仔细凝视，还是遥远地平线上凸凹起伏的暗色云层。我此刻太想念大山了！距离我离开北京已经43天了，这段时间大海和雪原是唯一的元素。

近期一直在读《雪豹》，一切都是喜马拉雅山熟悉的雪山、阳光、空气、

■ 南极天空的白云

植物、动物、风土人情，还有藏传佛教。这一切强烈地勾起我对大山的思念……此时，气温零下 18.7 摄氏度，风速 6.1 米 / 秒，风向北（356 度），海拔 3150 米，累计行程 790 余千米。

【雪垄】

雪垄一词在英语中为 Sastrugi，来源于俄语，意为“小的山脊”。雪垄形状类似于沙漠中的沙丘，由无数雪粒被强风堆积在一起，并被冻结成表面坚硬的“山脊”。在盛行风作用下，雪面因风蚀形成的有规律排列的垄状雪坎，也称雪面垄坎。在南极冰盖近边缘地点较为发育。

十二　穿越南极“鬼见愁”“邓稼先峰”与“李四光地”

在冰盖前进的路上会经过一段叫“鬼见愁”的路。所谓鬼见愁是该路段（约距中山站900千米）密集分布大量的形体庞大的雪垄，导致雪面地形起伏跌宕，行车艰难。雪垄主方向基本正南，位置大概在南纬77度，海拔接近3000米。

还未到“鬼见愁”，车子已经颠簸起来了。雪面看似平整，但风吹的软雪填充了雪垄之间的低地。如同航行在大海的涌浪区，雪垄便是浪头。此刻在颠簸的雪地车上，想起了上个月“雪龙”号穿越西风带的情景，不同的环境，却是相近的感受。雪垄一个接一个，相距数米，高度从几十厘米到一米。雪地车先扬后落，一波未平一波又起。有一天打开手机看步数，居然颠出23 000多步。任它随意颠簸晃动，我仍然在手机上记录下这段文字。

■ 颠簸起伏的路途

“鬼见愁”路段名副其实。这里雪丘和雪垄如丛林密布，一道接一道，如同微缩的黄土高原，梁、峁、沟、坎等各种地貌类型应有尽有。雪地车蛇形前进，寻找平坦或陡坎较小的区域穿行。有些垂直陡坎的高度超过一米。尽管缓慢行驶，剧烈的颠簸是免不了的。可以把人从椅子上掀起来，前后左右晃动。队员们说，如果是遇到白化天，看不清地表状况，车子有可能陷入沟壑中，无法行进。

随行的新华社记者刘诗平被颠的腰部极为疼痛，乃至无法站立和行走。他讲主要是车子太颠，同时下午车内太热，打开窗户着凉导致。刘记者干活很拼，白天无休止地拍摄，晚上加班写稿子，过度劳累。他在厨房待了几个小时，随后被架到生活舱，贴了膏药，吃了止疼药。昆仑队领队讨论出两个方案，一是送往泰山站，200 千米路程，可以减少颠簸；二是继续向昆仑站行进，还有500 千米路程，看情况再想办法。向魏福海领队汇报，他建议第二个选择，边走边看。因为去泰山站存在着安全行车的风险。最重要的是，刘记者坚持去昆仑站，坚决反对回泰山站，而且情绪很激动！刘诗平记者就这样坚持到了科考工作顺利完成。

“鬼见愁”之后便是“邓稼先峰”。在我们行进路线的北侧数千米之外，有一个小的山头和山脊。事实上不管它怎么小，在一望无际的雪原上，任何一

■ 车队穿行在雪垄间

个标志物都是非常清晰和令人兴奋的。山脊上布满了雪崖。有人说是冰裂隙，但冰裂隙在冰川内部，远处是看不到的。我估计凸起的雪脊之下也是高地形。不知道是哪次考察队命名的“邓稼先峰”，以纪念“两弹一星”的功勋。从侧面越过“邓稼先峰”，在凸凹不平的雪地上继续穿行约30千米，便下到了一个洼地，考察队员称之为“李四光地”，以纪念我国伟大的地质学家李四光先生。

【南极地名命名规范】

由于南极洲是世界上唯一没有国界、没有主权归属的大陆，南极命名涉及国际性、科学性、政治性等许多复杂问题。为了使南极地名渐趋统一化、规范化，国际南极研究科学委员会（Scientific Committee on Antarctic Research, SCAR）专门设立了南极地名工作组，负责协调世界各国对南极地名的命名问题。国际南极研究科学委员会建立的地名数据库规定，任何一个国家给南极地理实体的命名，都必须要写清名字的含义，命名的时间，所在的经纬度，以及相关的地理特征描述等。我国自20世纪80年代开展南极科学考察以来，十分重视对南极地理实体的中文命名。1985年南极夏季期间，我国进行了第一次南极科学考察，在西南极乔治王岛的菲尔德斯半岛上建立了我国首个南极科学考察站——长城站，考察测绘了我国长城站区及菲尔德斯半岛地区的地形图，并命名了长城湾、西湖、平顶山等100多处地名，填补了南极洲自古以来无中国地名的空白。目前，经过国际南极研究科学委员会地名工作组的认证，最新版的《南极洲综合地名辞典》中已经收录了我国提交的首批359条中文地名。

（修改自新华网2013年11月电讯）

第三部分

挑战极寒，一片冰心在冰芯

人生中第一次体验如此的严寒，多年来第一次干如此密集的体力活，第一次出现了高血压，在昆仑站确实遇到了许多个第一次，但我仍然非常“享受”昆仑站的风景和生活。极昼晚间的太阳让人感受到金色和柔和的世界，也让我们可以晚上随时加班，不用担心天黑。而几乎每天都出现的日晕和佛光则让我感受到天空之美，绚丽多彩！

一　昆仑站与冰穹 A

2019 年 1 月 4 日，下午 4 时许，沈师傅告诉我可以看到冰穹 A 的标志物了。就在左前方遥远的天际，我看到有两个隐隐约约的黑影。逐渐向前推进，黑影越来越明显，它们是南极第 21 次科考队确定的冰穹 A 最高点，也是南极冰盖的最高点，海拔 4093 米。继续前行半个小时，天际线上又隐隐约约出现黑影，是昆仑站。渐渐地，红色的长方形外观越来越清晰。队员们很兴奋，特别是多次来昆仑站工作的人员。18 天，从中山站到昆仑站总计行程 1158 千米，终于到达目的地了。站区周围还有很多小黑点，沈师傅告诉我是储油罐、机场跑道标志物、钻孔液等。

■ 南极最高点冰穹 A 标记物

2005年第21次南极科考队首次到达南极最高的冰穹A地区，开展了冰面和冰下地形的测量，建立了冰川监测系统（冰盖物质平衡花杆、GPS流速、自动气象站等）以及钻取浅雪芯（110米）。随后开展了连续的科研监测和台站建设。2009年昆仑站主体建筑建成，成为我国继长城站和中山站的第三个南极科考站，也是人类在南极地区，建立的海拔最高的科考站。

■ 在冰穹A国旗下合影

来到昆仑站首先去冰穹A换国旗。国旗的底座是三个油桶之上叠放的一个油桶，国旗直接插在油桶上部的小圆形开口中。考察期间，国旗就会在冰穹A飘扬。当考察结束后，科考队员便把国旗卷起来，装进长条形的袋子进行保存。当我们打开袋子，展开前年的国旗，即便在袋子里面，国旗也已经变为橘红色，可见昆仑站环境条件是多么严酷。

昆仑站的主体建筑于2009年建成。2012年（第28次南极科学考察队）建成了附属设施，如发电舱、供水设施等。考察队到达昆仑站，启动发动机，但是只能一部分人员入住昆仑站。因为供水系统无法使用，加上时间短，所以大部分人员还是住在住宿舱和生活舱。

■ 抵达目的地昆仑站

昆仑站前有一块长 2 米多、高 1 米多的玉石，雕刻着“中国南极昆仑站”，积雪几乎掩盖了三分之一。这块“昆仑玉”名副其实，因为它真的来自青藏高原的昆仑山。2010 年，在昆仑站建成一周年之际，青海省人民政府将镌刻有胡

■ 昆仑站全貌

锦涛主席题写的“中国南极昆仑站”站名的昆仑玉碑捐赠给国家海洋局。随后中国第27次南极科学考察队将此块昆仑玉碑运往南极内陆冰盖最高点冰穹A，放置在南极昆仑站永久矗立。昆仑玉，质地细润、淡雅清爽，2008年北京奥运会所使用的奥运奖牌里面就有昆仑玉。昆仑山在中国人的心目中有特殊的地位，在南极最高点的昆仑站上矗立一块昆仑玉，真是再美妙不过的事情，我这个常年奋战在青藏高原的科技工作者，看到这块玉石，也格外亲切。

■ 昆仑玉雕刻的“中国南极昆仑站”

昆仑站底部架空的综合楼朝向北方，西侧是三台机组和供暖设施，东侧是生活区，有厨房、会议室、宿舍、厕所等。综合楼的东边，是冰芯房，即深冰芯钻探作业场地，自第26次科学考察队（2010年）开始建设，总长40米，宽5米，地下深3米。第33次科学考察队没有内陆考察，时过两年，昆仑站风吹雪严重。冰芯房东、西两侧的大、小门全部被雪淹没，现在只能看到露出雪面的高3米的钻机房顶。综合楼周边也是高高隆起的雪垄。由于昆仑站的风向较为凌乱，楼的前后都有2 ~ 3米的雪堆，而泰山站的偏东南主导风向导致下风口形成了长长的高大的雪垄。由于风吹雪严重，位于西北方向的机场标志物无法辨认。站内的其他物资，如航空燃煤、冰芯钻孔液、路标等散布在不同区域。

■ 被积雪掩埋的冰芯房

由于昆仑站综合楼暂时无法通电，房间很冷，我们还是住在生活舱。每天大家开着前面装雪铲的雪地车一起挖雪，将十几袋洁白的雪装入雪铲运回生活舱。这也是每天到宿营点后的固定流程，挖雪——用电热炉化雪——烧水——厨师开始做饭。

■ 铲雪做生活用水

【昆仑站简介】

2005年中国第21次南极科考队首次到达冰穹A，建立了冰穹A观测站（即昆仑站），主要科研项目包括冰川和气象观测、雷达测量、冰芯钻取等。14年过去了，昆仑站已经建成，深冰芯开始钻取，不同目标的天文观测也在开展中。在距离祖国13 000余千米的偏远之地，取得这些成绩是相当不容易的。14年来，考察队员忍受了常人难以想象的寂寞和艰辛，为国家的南极科学事业做出了巨大贡献。

（来源于国家海洋局极地考察办公室）

【冰穹与冰穹A】

冰穹（ice dome）是冰川的多种形态之一。它是位于冰盖或冰帽海拔最高区域。冰穹几乎是对称的，具有凸面或者抛物面形状，倾向于均匀发育。在冰盖中，冰穹的厚度可能超过3000米，但在冰帽中，冰穹的厚度要小得多。冰穹A（即Dome A，Dome Argus）是南极冰盖中海拔最高的冰穹，海拔高度4093米，位于南极洲东部的中心附近。Dome A由美国斯科特研究所命名，来源于古希腊神话。Dome A是地球上最干燥且寒冷的地方之一，每年降水量仅1～3厘米，冬季气温均低于零下80摄氏度。2010年卫星资料记录了在Dome A出现的地球表面有史以来的最低气温零下93.2摄氏度。由于Dome A的这些特征，该区域是冰芯钻取的极佳位置。

（来源于维基百科）

二　三极冰冻圈与冰芯

南极、北极、青藏高原（也称为第三极或高极）合称为地球的三极，是全球变化的敏感区域。这些地球上的极端环境区域（我们也称之为典型的冰冻圈区域），对全球的冷暖变化响应迅速。我们通常说“春江水暖鸭先知”，而全球变暖是冰先知。道理很简单，温度超过0摄氏度，冰必然要融化。而地球上的三极，是冰体覆盖度最大的区域。过去100多年来，特别是最近几十年的快速升温，已经导致了三极地区的冰川、冰盖（面积超过5000平方千米的冰川）和海冰的大面积退缩。

地球表面的各个圈层（大气圈、水圈、岩石圈、生物圈、冰冻圈）处在同一个系统内，任何一个圈层的变化都会导致系统整体的变化。因此，三极冰冻圈的变化，可以给地球上非冰冻圈区域带来显著影响。例如，南、北极虽然距离我们万里之遥，但冰川和冰盖的快速消融，使得海平面上升，则会影响到我国上海、香港等沿海城市。同时，科学家已经发现，我国近年来冬季的极端低温严寒天气与北极变暖后秋季海冰的范围剧烈减少有密切的关系。例如，2007年9月北极海冰与同期的历史数据比较，范围显著降低，而2008年1月我国南方发生了大范围冻雨灾害，导致春节期间的交通几乎瘫痪。科学家研究发现，北极海冰减少，海面温度升高，导致欧亚大陆北部气压升高，冬季西伯利亚高压增强，减弱了西伯利亚中高纬度的西风。这些变化有利于北极冷气团向南传输，引起我国（或东亚）冬季的寒冷天气。这就是地球气候系统内的反馈作用。北极升温是全球升温平均幅度的2 ~ 3倍，但海冰缩减，反而给北半球中、高纬度地区带来严寒的冬天，不仅仅是我国，北欧、北美等地区都是如此。

同时，夏、秋季节北极海冰减少对我国的海洋航运将有很大的好处。我国的货运船只通过北极到达北欧和北美沿海码头，大约可以缩短三分之一的航程，节省燃油和时间，节约运输成本，提高货物运输的效率。近几年中国远洋运输公司已经在尝试夏季穿越北极运输物资，但是由于沿途还有海冰，无冰期时间较短，限制了大规模航运。科学家预测，在未来几十年，随着夏季北极海冰范围越来越小，至本世纪中期，夏季北极的东北航道（北欧到东亚）和西北航道（北欧到北美）即可全面开通。到时候航运的成本将大大降低，造福于全球贸易，尤其给我国的贸易和能源带来新的机遇。

冰芯记录如同自然档案馆。降雪在冰川和冰盖上一年年地沉积下来，然后变成冰，同时将地球的“信息”封存其中，科学家可以通过“解读”雪冰中不同的物理和化学指标去了解近代和古代的气候及环境变化。例如，冰芯中的氢氧稳定同位素比率可以反映气候的冷暖波动，而其他化学成分可以指示历史时期的环境变化。在南极冰芯中，最常见的是硫酸根离子的高值代表火山喷发事件，而钠离子变化可以反映海盐气溶胶的多寡。1991 年菲律宾的 Pilatubo 火山爆发，喷发出大量的硫酸盐气溶胶，随后进入平流层在全球扩散，三年后到达南极并沉降到南极内陆冰盖。我们可以在 1994 年的雪层中检测到非常高浓度的硫酸根。

在亚洲的冰芯中，微粒、钙离子等指标则是分析历史时期沙尘暴事件的关

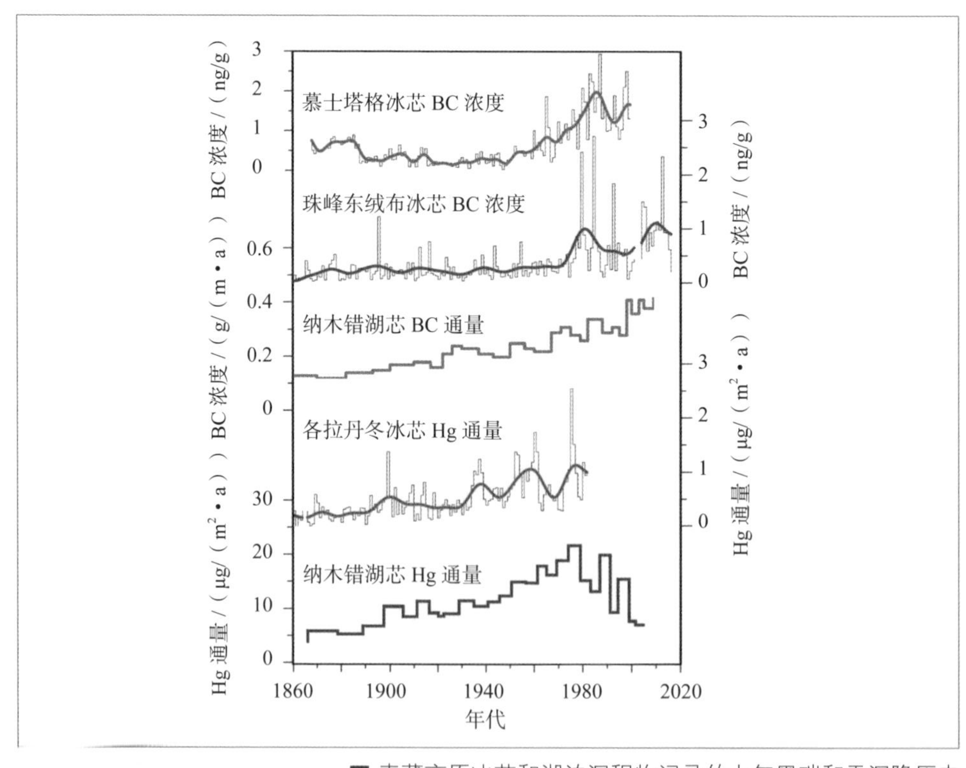

■ 青藏高原冰芯和湖泊沉积物记录的大气黑碳和汞沉降历史

键线索。而人类排放到大气中的污染物亦可以在冰芯中寻找到“印迹”，冰芯中的一些重金属（如汞、铅、镉）、黑碳、有机污染物（特别是持久性有机污染物如农药、多环芳烃、多氯联苯）近百年来迅速升高，反映了工业革命以来排放的污染物通过大气环流传输到冰川上并保存了下来。很有意思的是，20世纪五六十年代的全球核爆试验信号，也可以在冰芯中检测出来。我们通过甄别逐年的冰芯记录，可以获得丰富的古代乃至远古时期的大气信息，包括大气成分和温室气体浓度。这也是冰芯对全球变化研究最重要的贡献之一，因为其他沉积物无法直接检测和分析古代的大气成分。

【气候变化】

气候变化指气候系统状态在数十年或百年甚至更长时间尺度上的变化，而且这种变化可以通过其特征的平均值和/或变率的变化予以识别。《联合国气候变化框架公约》（UNFCCC）将“气候变化”定义为“在可比时期内所观测到的在自然气候变率之外的直接或间接由于人类活动改变全球大气成分所导致气候的变化”。因此，UNFCCC对由于人类活动改变大气成分所造成的“气候变化”与由于自然因素造成的“气候变率”作出了明确的区分。地球系统本身某些因素（如火山爆发、海-陆-气相互作用、地壳运动、地球运动参数的变化等）和地球以外的一些因素（如太阳辐射、银河系尘埃、银河旋臂的变化等）都可引起气候变化，不同因素引起气候变化的时间尺度、空间范围和幅度也有所不同。一般来说，较短时间尺度的气候变化其空间范围和幅度也相对较小。

（来源于《冰冻圈科学辞典》）

【冰芯】

冰芯指利用冰钻在冰川上自上而下连续逐段取出的圆柱状冰雪样品。在我国冰芯曾被称作冰岩芯。冰芯作为气候环境信息的载体，具有保真性强、信息量大、分辨率高、时间尺度长等优点。冰芯中可以获得三大类型的记录：第一类是冰本身（同位素组成、冰晶结构）；第二类为冰晶内捕获的固体物质和可溶性化学组分；第三类为冰内气泡中包裹的气体。通过上述三类冰芯记录，可恢复及重建许多气候和环境信息。冰芯研究主要围绕温度、降水、大气成分含量与同位素组成及其变化、大气气溶胶、生物地球化学循环、火山活动、宇宙事件、超新星爆炸、生物活动与植被演化、冰结构与气候变化等内容开展，冰芯研究的成果不仅极大地丰富了气候环境变化的研究内容，而且革新了关于地球系统演化及其机制的重要观点。随着分析测试技术及科学认知水平的提高，越来越多的研究内容将在冰芯中开展，冰芯研究逐步发展成为一门综合交叉的前沿研究学科。

（来源于《冰冻圈科学辞典》）

三　我与冰芯钻机在青藏高原的峥嵘岁月

目前在冰穹A使用的浅冰芯钻机是原中国科学院寒区旱区环境与工程研究所（简称寒旱所）研制的，已经用了近30年，除了在青藏高原钻取了几十支冰芯外，在南极（包括昆仑站）也钻取了多支浅冰芯。最深可以达到200米。该钻机最大的好处是轻便简捷，易于操作。在珠峰考察中我们可以用牦牛把整个钻具驮运到海拔6300米，然后人工搬运到冰川上。但它的劣势在于没有标准操作流程，钻取冰芯几乎全凭经验。我们这几天不断地摸索经验，逐渐地适应了。

■ 青藏高原牦牛驮队

■ 在青藏高原冰川上徒步前进

我个人非常感谢这台钻机，1998 年在珠峰东绒布冰川钻取了 80 米冰芯，是我冰芯研究生涯的开始。随后 1999 年和 2003 年念青唐古拉山拉弄冰川冰芯钻取时，30 多岁的我信心百倍，精力旺盛。可惜的是那里的冰芯上部已经消融，未能得到很好的结果。但仍记得，2003 年出野外时为了保护冰芯样品，我紧紧追逐一头受了惊、驮着冰芯的牦牛在海拔 5000 米的山坡上狂奔几千米，直到牦牛和我因缺氧而无法奔跑为止。我躺在山坡上，感到头上的血管剧烈地跳动，大脑一片空白，天旋地转，无法睁眼。令人窒息的压抑感笼罩着身体。不知过了多久，直到感觉身子底下阴凉，才睁眼看到蓝天和白云。缓缓地坐起来，受惊的牦牛居然在旁边吃草，驮着的两大箱冰芯安然无恙！也是在 2003 年，我骑着一匹弱小的马行走在乱石堆中。正当我把身上的相机从后背挪到前面，马突然受惊、开始狂奔。直到我被颠翻落地，手里还死死地抓着马鞍。还好有惊无险，我的半个身子撞向了草地而不是石头。

■ 珠峰下冰川末端

2005年初冬带着这台冰芯钻机去了各拉丹冬峰。原计划是2003年9月去各拉丹冬，但秋季阴雨绵绵、道路泥泞，一路陷车，走到一半便不得不折返。终于在2005年10月进入各拉丹冬，并且获得了最长147米的冰芯。初冬的各拉丹冬，黄沙漫漫，风雪飘扬，但路面仍然是泥泞难行。陷车、挖车，再陷、再挖。一个多星期，才走完了80千米，抵达冰川脚下。有天挖车到很晚，大家都很疲惫，没有力气支起帐篷，全部窝在两辆越野车和一辆大卡车中睡觉。当时正流行电影《神话》，有人拿出笔记本电脑，我们在临睡前享受了这个美丽的故事。2005年各拉丹冬冰芯钻取基本成功，为培养冰芯研究方面的研究生提供了宝贵的基础资料，并且获得了长江源区过去500年来气候和环境的历史变化过程。

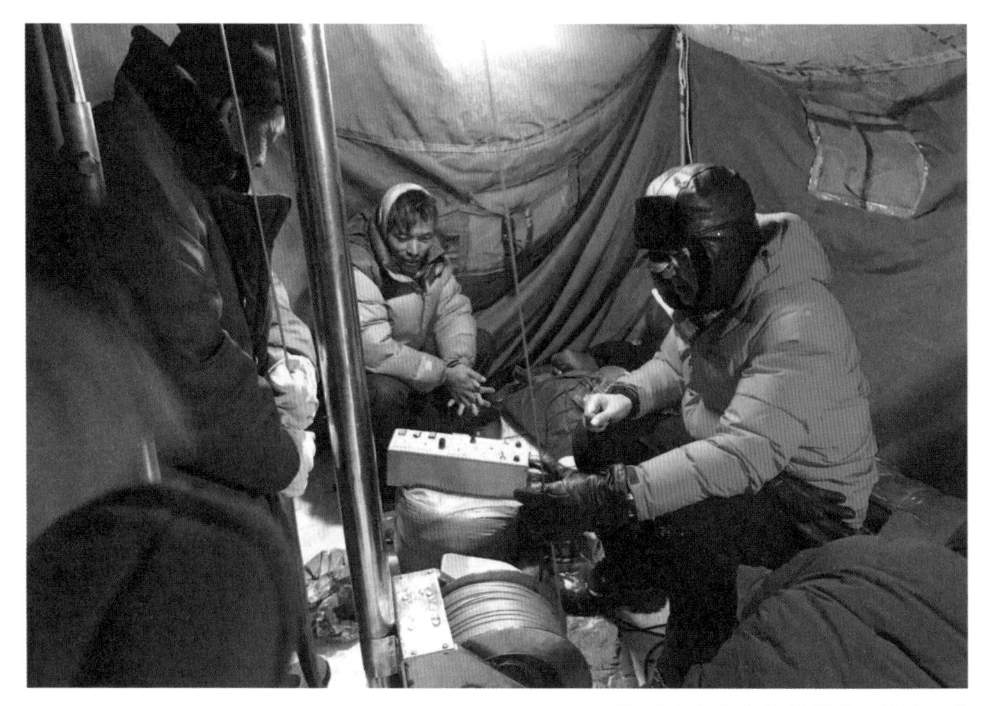

■ 我在青藏高原的帐篷里钻取冰芯

【各拉丹冬冰芯气候变化记录】

2005 年 10~11 月中美联合考察期间，在各拉丹冬北部果曲冰川粒雪盆和垭口分别钻取了 2 支深孔冰芯 Core A（74 米）、Core B（147 米）和 1 支浅孔冰芯 Core C（26 米）。根据 Core B 的分析，基于准确的冰芯定年（年层计数法、参考层位法、氚和 ^{210}Pb 同位素、火山事件、流动模型等），重建了青藏高原中部各拉丹冬冰芯过去 500 年（1477 ~ 1982 年）的气温与环境变化。结果表明，各拉丹冬冰芯 $\delta^{18}O$ 记录的过去 500 年来的气温变化总体呈上升趋势，1477 ~ 1830 年气温总体以寒冷为主要特征，是“小冰期”时段的明显反映，进入 20 世纪以来，气温在波动中呈明显上升趋势，是过去 500 年来最温暖的时段。

（修改自张玉兰博士毕业论文）

四　南极的冷

在昆仑站，最大的“敌人”便是冷。从踏上冰盖开始，气温大多在零下 20 摄氏度以下，路途中的雪地车和住舱较为暖和，但在昆仑站，开始体验到这种寒冷。厚厚的皮手套、皮帽子，厚重的保温鞋、连体羽绒服，也无法阻挡寒意。活动量加大，才会感觉到身体丝丝的“热”气。鞋子比较厚实，来回走路，倒是不冻脚。但是在室外时间不长，即使戴着厚手套，很快手指尖就会冻得生痛，手冻得发麻。手套内不能有一丝丝雪，否则手马上冻僵。戴着厚手套无法做细活，如拧螺丝，需要光着手，但几秒钟手便发麻了。胡子和皮帽上结上冰碴子，当风挟裹着冰晶和雪粒扑到脸上，如同刀子割一般疼痛。感觉这是记忆中最寒冷的体验！当然小时候手上也起过冻疮，那似乎是温水煮青蛙，是长时间的效果。但这几天的温度，只要脱了手套，一分钟内手便冻得麻木疼痛，有切肤之痛！

■ 队友范晓鹏胡子和皮帽上的冰碴

严寒之下，昆仑站周围的冰面上可以随处见到许多冰晶“树”，高约数厘米，枝杈伸展。在极其寒冷的天气条件下，近地表的水汽直接凝华为冰晶，并不断地生长，最后形成树枝状。队员们戏称“地胡子”。抵达昆仑站之后，科考队有一个“东航一碗面的活动”。但是面条很快就冻住了，而且极其结实，这场活动跟吃是没有关联了，反倒成为了队员们争相拍照的有趣道具。

■ 冰晶树

■ 南极的东航一碗面

五　清理冰芯房

我们冰川组的任务是检查和维护深孔钻机系统。冰芯房的大门和小门全部被风吹雪掩埋，这次我们只要打开小门即可。范晓鹏经验丰富，按照标记的位置，用“小黄铲”雪地车先把冰芯房小门口的积雪铲除了一部分。等房门露出一半时，再开始人工挖掘。清理完房门口的所有积雪，一开房门，醋酸丁酯的气味扑鼻而来，熏得我快速离开了房间。醋酸丁酯是一种挥发性的有机物，在深孔冰芯钻取中作为钻井液使用。深孔冰芯深度一般上千米，在冰体的巨大压力下，冰芯钻孔会很快变形，冰钻无法持续钻探。为了使钻孔一直保持原状，在钻孔中注入了钻井液。

■ “小黄铲”雪地车

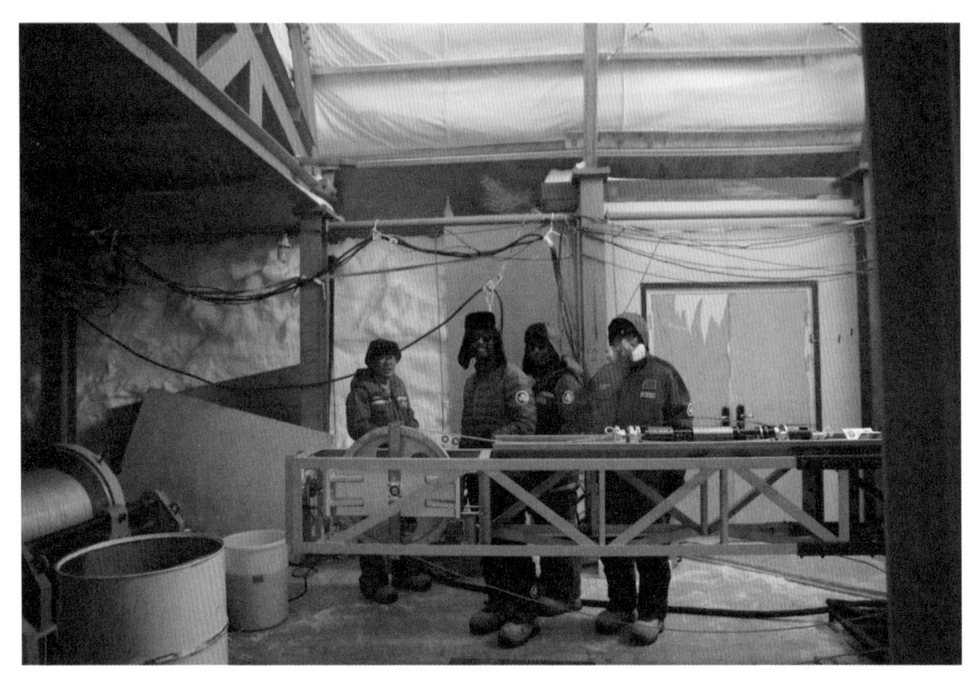

■ 冰芯房内部

打开房门后，我们开始为冰芯房供电。电缆也被风吹雪埋没，好在有标志。我们挖开积雪，把接近150米的电缆从冰芯房拖到营地的发电舱。这期间，电缆长度不够，又续接了几段电缆。挖雪和拖电缆是一个体力活。最粗的电缆直径约2厘米，在雪地上拖几十米的电缆不亚于背负几十公斤的货物。我、范晓鹏、鲁思宇一起干。沉重的电缆让我感觉到了在珠峰干活的味道。从大口大口地喘着气，到上气不接下气。一停下来，晓鹏直接躺倒在地上喘息。来来回回在松软的雪地上走了很多路。第一天在南极高海拔干体力活，感觉腰酸背痛，看来还得适应几天。

第二天上午继续工作，把冰芯房到发电房的电缆用竹竿架空。之所以这样是因为电缆通电时会发热，如果拖在雪地上，会融化雪并沉降。把冰芯房通风机周边的积雪清理干净，一台正常工作，一台无法启动。醋酸丁酯味道还在冰芯房弥漫，希望通风机能够尽量排除一些刺鼻的味道。鲁思宇带来了3个防毒面具，带上后闻不到任何味道，但是进出冰芯房不方便。在室外，防毒面具把呼吸的水汽扑到眼镜上，马上结冰，便什么都看不到了。

■ 冰芯房外的电缆

■ 佩戴防毒面具工作

冰芯房在地表3米以下（2008年的雪面），室内气温零下33.8摄氏度，也是极度寒冷。唯一的优点是没有风，不是刺痛的冷。整理了冰芯房，通电后冰钻系统正在加热。冰芯钻取控制室是一个单独的房间，我们接通了电暖气，气温升到零度以上，便感觉很温暖了。昨天劳顿了一天，晚上睡觉感觉很不舒服，辗转反侧。早上看床单，中间几乎卷到一起来。这是多日来第一次感觉到难受。主要原因还是海拔高，白天太劳累。

六　钻取浅冰芯（1）

2019年1月7日，我们冰川三人组开始装配浅冰芯钻。比较顺利，中午前在冰芯房控制室组装完成，各部分工作正常。晓鹏经验丰富，尽管没有接触过此类冰芯钻机，但一看就懂，成为了主力。下午准备钻取冰芯的各类用具，在冰芯房以南200米处选择未受到干扰的地点作为浅冰芯钻取点。我们用盖布把冰芯点围了三面，以阻挡寒风。

■ 浅冰芯钻取点

晚餐后，大家帮忙，把冰钻等用“小黄铲”雪地车运送到冰芯钻取点。在万事俱备，准备开钻的时候，控制器几个开关失灵了。上午测试时没有任何问题，可能是太寒冷了吧。我们尝试温暖控制器，但还是没有解决问题。随后测试和调制备用控制器。忙碌完毕已经是夜里 11 点多。从傍晚直到深夜，我们一直在冰芯钻取点忙碌，而这段时间，刮着三级风，气温零下 37.8 摄氏度。今天的关键词是“累”！回到生活舱，没有精力洗漱，上床倒头就睡。8 号上午把备用控制器用电热毯包裹加热，仍然没有解决问题，于是再次尝试修理第一个控制器。我们就这样来回折腾，反复尝试。后来才发现是钻机接触不良，或许也有过冷的原因。临近中午，冰芯钻机的所有的部件终于可以正常工作了。

下午太阳偏西，在近地表出现了“佛光”，像是另一个太阳正在从雪面升起，地平线上泛着炫目的白光，七彩的光环围绕着靓丽的白光，最上部则是金黄色的光芒。这些衬托着悬在当空的太阳，如同两个太阳一上一下交相辉映。

■ “佛光”下的两个太阳

下午开钻，最初的几钻提取的雪芯很少，一是雪层非常松软，二是我和晓鹏还不太适应，担心会发生卡钻，不敢钻太深。随着工作的深入，我们可以越来越熟练地操作钻机，每一钻钻取的冰芯长度也变长了许多，最长的冰芯达到了 113 厘米，可以说结果非常理想。晚餐前我们钻取的总深度达到了 10.6 米。

■ 在昆仑站钻取的粒雪芯

七　卡钻“噩梦”

1月8日晚饭后接着工作，夕阳已经偏南，篷布挡住了西南风，略微减弱了寒冷的程度。但是在晚上11点左右，卡钻了！钻机卡在钻孔中用绞盘的动力无法提取出来。我心里一凉，想起1998年秋季在珠峰东绒布冰川垭口卡钻的往事。

■ 东绒布冰川垭口

在珠峰钻取冰芯，一般都在晚上。因为白天气温相对较高，冰钻表面的雪屑可以融化成水珠，当冰钻再次进入钻孔后容易和寒冷的钻孔壁冻结在一起，造成卡钻。当时是钻取冰芯的第二个夜晚，大家拖着疲惫的身子到达海拔6500米的东绒布冰川垭口，打起精神开始工作。但是才到了第二钻，冰芯和钻机无法提出钻孔，卡钻了！

钻取冰芯的时候，卡钻事件时有发生，这和我们钻机本身的设计有关系。卡钻后我们一般会想各种办法，一是大家共同使劲，用猛力硬往上拉；二是把防冻液灌入钻孔，消融冰钻上部“拥堵”的雪冰，解脱冰钻。当时我们先用第

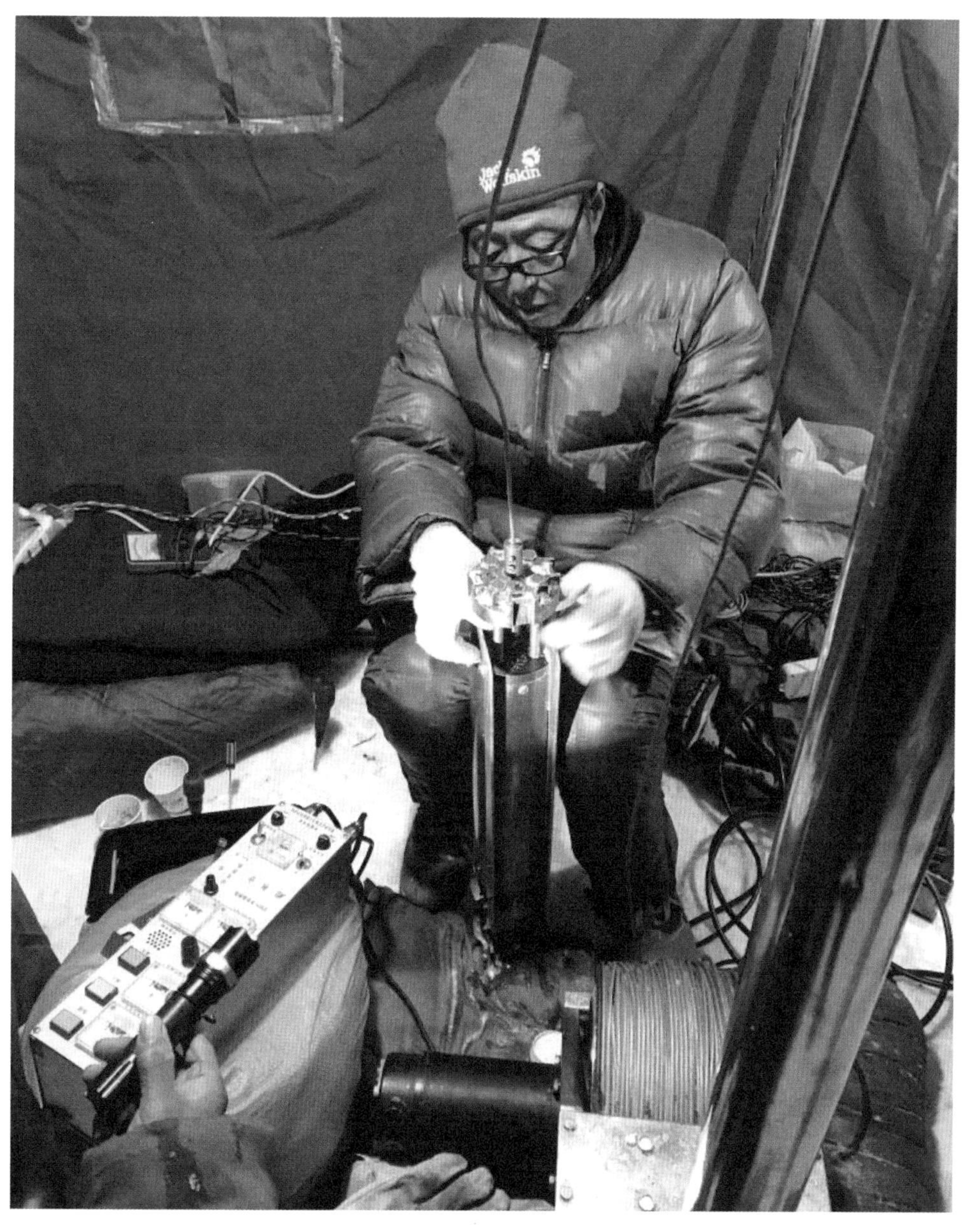

■ 工程师在维修钻机

一个办法，抽出帐篷的支撑杆，把连接冰钻的电缆绑在杆子上，几个壮汉使劲抬杆子。几轮下来，先后几个杆子都折弯了，大家累得呼呼喘气，但卡在钻孔内的钻机纹丝不动。只能用第二个办法，给钻孔注入防冻液（如酒精之类，冻结点很低）。由于现场没有酒精，我们只能去附近的城市去购买。

我带着一个队员，提一个木棒，在暗淡的月光下，沿着牦牛小道，从东绒布冰川垭口快速向大本营奔去。13千米的路，平时要走10个小时，我们4个小时就到达了。说是牦牛小道，其实晚上几乎看不到任何印迹，只记得在石头间或石头上跳来跳去。长期在冰川区工作，我们已经练就了一个本领，就是如同岩羊一般在乱石堆上健步行走。凌晨2点左右，我们到达大本营。喊醒开车师傅，马上去日喀则（距离珠峰最近的城市）。我疲惫至极，一路上都在昏睡。睁开眼睛，已是旭日东升，车内洒满了阳光。上午到达日喀则，周围人们都穿着秋装，而我身上还挂着厚重的羽绒服。

■ 东绒布冰川谷地的牦牛小道

整个日喀则，居然买不到几十升的酒精或防冻液。这在 20 世纪 90 年代是可以理解的。有人告诉我们，拉萨应该有批量的酒精，但是去拉萨的公路因为滑坡而无法通行，真是“屋漏偏逢连夜雨”！给老师打电话汇报困境，老师说你们已经钻取了 80 米的冰芯，成绩不错，不行就弃钻吧。也就是说，卡钻后可以割断电缆，将钻头留在冰川内。钻取冰芯最理想的情况是一直钻到冰川底部，1998 年在珠峰的冰芯钻取最后留下了遗憾，冰芯最终未能到达冰川底部。

今天，同样的钻机，卡钻再次重演！但非常庆幸，结局不同。晓鹏建议把电缆绑在木棒上用力提升钻头，我们三人轮流上阵，使出了吃奶的劲，未能成功。晓鹏又建议，木棒与绞车同时发力抬升，这次成功了！折腾了一个小时，终于成功了！珠峰的“悲剧”没有重演，全靠晓鹏的“英明”建议。又是劳顿的一天，工作了 15 个小时，当我们拖着疲惫的身体回到住宿舱时，不知疲倦的太阳仍然把阳光洒向雪原。

■ 凌晨的昆仑站

【珠峰东绒布冰川】

东绒布冰川发源于珠穆朗玛峰北坡绒布山谷，是位于低纬度高海拔地区的典型大陆型复式山谷冰川的一支。东绒布冰川长14千米，宽0.8千米，面积48.45平方千米，末端海拔5520米，雪线最高达6250米，该冰川是历次从北坡攀登珠穆朗玛峰的必经之路。在珠峰北坡东绒布冰川中下游，冰塔林立，千姿百态。从雏形冰塔至孤立冰塔绵延近6千米。1966～1997年东绒布冰川在强烈的气候变暖条件下其冰塔林已退缩170米，退缩速率为5.5米/年。东绒布冰川末端位置保持稳定，因为末端上覆有较厚的冰碛物，对冰川起到了保护作用。

（来源于康世昌等，2005年，《地理科学》）

■ 东绒布冰川冰塔林

【冰芯钻机】

冰芯钻机是研究冰芯记录研究的必备工具，其科技含量直接决定了冰芯的质量。我国冰芯钻机的主要研制单位有中国科学院西北生态环境资源研究院和吉林大学等为数不多的几家单位。技术人员研制的不同口径、不同深度的冰芯系列钻机，包括改进型φ94中深机械冰芯钻机；20/50米便携式φ68电动冰芯钻机；5米微型φ38电动冰芯钻机；20米蒸汽冰芯钻机等。钻机口径从数厘米到数十厘米不等，钻进深度从数米到数百米。

（来源于冰冻圈国家重点实验室网站）

八　调试和维护深孔冰芯钻机

1月9日，经历了昨天的卡钻，我们决定让浅钻钻机先“休息”一下。今天主要是调试深冰芯钻机。依旧出师不利，钻机的两大核心——绞盘和钻头都不能工作。晓鹏不断地尝试各种办法，终于在午夜时分找到了问题的症结和解决的办法，即更换变频器和用另一台钻机，明天就可以进行下一步的工作。为晓鹏的工作能力点赞！

■ 启动后的深冰芯钻

结束所有的工作已是次日凌晨。1月10日上午连接深冰芯钻的各个部件，包括电动机、控制器和冰屑筒。下午准备工作就绪，我们启动了12米长的钻机钻塔，通过钻探槽

（10 米 ×10 米 ×0.6 米）由水平位置旋转到垂直位置，然后钻机通过导向孔垂直进入钻孔。从冰芯房地面朝下看去，钻孔槽很深，会略有恐高的感觉。

这是我第一次了解深孔冰芯（钻探深度超过 1000 米）钻机系统的工作原理，它比浅冰芯钻机（钻探深度约数百米）复杂得多，各类附属设施繁多。钻机塔和钻机槽看起来很壮观。绞盘巨大，冰钻本身较长（12 米），每次钻探最长可以提取 3.5 米以上的冰芯，而且钻孔（即取完冰芯的圆孔）中要加入一种液体（俗称钻孔液），以保持钻孔不变形。深冰芯一般为数千米（如昆仑站冰芯长度预计为 3200 米），需要多个夏季才能完成钻取。但由于冰体具有蠕变特性，在长时间（如一年）之后，最初的钻孔会逐渐变形。这样的话，冰钻就不可能在上一年原来的钻孔上继续钻取冰芯。为了解决这个问题，一个办法是给钻孔内注入与冰的密度大体相同的液体，从而保证钻孔保持原来的形状。自从第 28 次考察队于 2012 年建成先导孔（123 米，套筒 100 米），2013 年开始深冰芯第一钻（第 29 次队）（10.3 米），然后是 2015 年（172 米）、2016 年（351 米）和 2017 年（146 米），每年平均工作 20 天，总计获取了 800 米冰芯。但是 2018 年因为各种原因没有继续钻探，钻孔长时间闲置，极有可能为后续的维护和钻探带来困难。

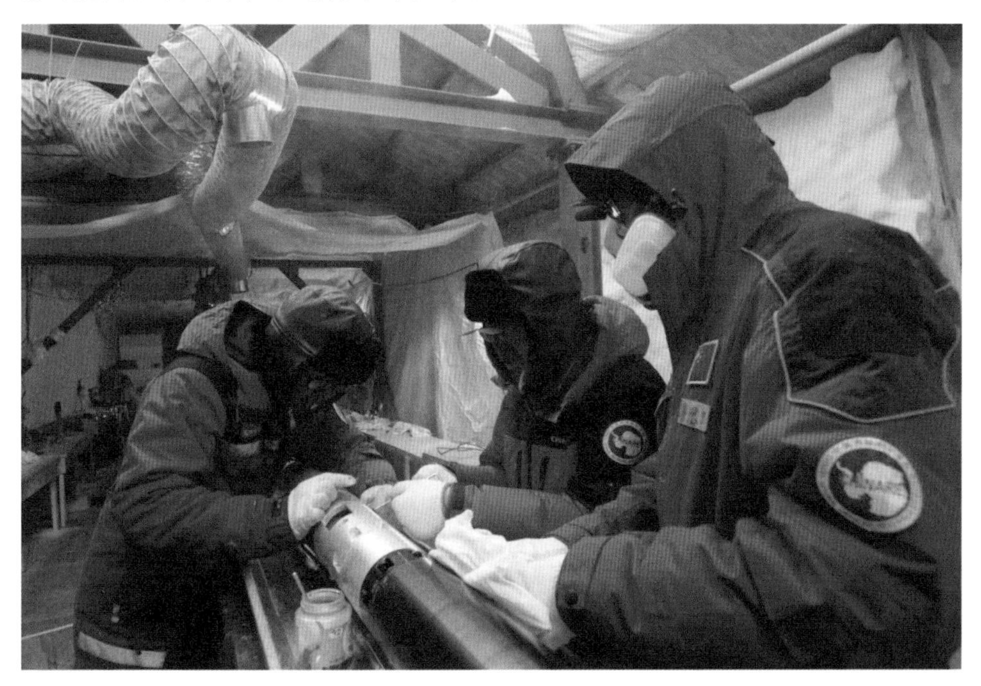

■ 维护钻机

■ 历年的冰芯工作纪念

果然，当钻机到达170米的深度时，就再也无法下降。一个原因是钻孔变形，虽然有钻孔液，但不能百分之百保证钻孔不变形，毕竟过去了两年，

■ 工具房

这种情况是有可能发生的；二是冰屑（钻取冰芯时产出的冰的碎屑）在钻孔液中聚集，可能会堵塞钻孔。我们将钻机提起，捞出了几公斤的冰屑。但将钻机下放到 150 米深度又再次无法下降。看来问题依然没有解决，明天再想办法吧。

1 月 11 日上午继续测试冰芯钻孔。我们今天的任务是检测钻机和捞冰屑（即钻机中的冰屑和钻孔液的混合体，呈黏稠状）。我们把 4 米的钻筒安装到钻机上，去掉钻刀。钻机上上下下，基本顺利，到达 760 米深度后再无法下行。钻孔深度是 800 米，未能达到 800 米有可能是编码器（深度计）的误差。提出钻机再看看是否能捞出冰屑。晓鹏维修了深度计。我们把钻头换成冰屑筒（比较轻），到 120 多米又无法下降。把钻机反扭（绷簧）减小以后，很顺利，冰屑筒到达 798.8 米深度，与 800 米深度接近。

1 月 12 日，成功的一天！晚上钻机调试成功后，决定尝试钻取冰芯，冰钻顺利下行到 793 米深度，开始钻进。但很遗憾，钻刀似乎在打滑，尝试多次未果，只能将钻机提出后休息。上午换了一副新的刀具，终于顺利钻取了 2.8 米冰芯。今年的主要任务是钻具维护和测试，能够顺利钻取出冰芯，说明钻机可以正常工作，钻

■ 钻机顶部

孔也没有变形。我们的维护和测试工作为下一年继续钻取冰芯做好了准备。

■ 深孔钻机维护成功

■ 冰芯维护纪念

■ 800 米处的深孔冰芯

13 号我们开始在冰芯房收拾钻具，在钻孔灌上钻井液，并将另一个坏掉的钻机打包，准备带回国内维修。昆仑队书记卢成来到冰芯房，想尝试一下进入冰芯钻槽的感觉，我们用钻塔缓缓地将他送进 10 米深的钻槽底部。他在底部呼出的白气，很快笼罩在周围，无法看清人影，偶尔的电筒灯光闪烁。卢成在底部捡到了掉落的两个小木条和海绵，随后很快便被拉了上来。这是一次不算冒险的经历，但是钻槽宽度只有 60 厘米，空间比较狭小，钻井液的味道比较大。后来新华社记者刘诗平也下到钻孔槽内“探险”，勇敢的队员们！

1 月 18 日上午开始切割 2017 年钻取的深冰芯。深冰芯钻机每次可以钻取 2 ~ 3 米的冰芯，通常是把这些较长的冰芯分割成 1 米的长度，便于装箱运输。我们在用电锯切割冰芯时发现，冰芯非常脆，切割部位的冰芯很容易裂开变成碎片。这是我第一次遇到如此“脆”的冰芯，同事们告诉我这一深度是所谓的“脆冰区”，冰体受到了极大的应力，因此变得非常脆弱。后来我们用手工锯，冰芯仍然容易破碎。我和深冰芯计划的负责人中国极地研究中心的李院生研究员电话联系，他说需要用特殊的办法处理这种破碎，目前在南极还没有相关的实验条件。我们停止了切割深冰芯。

■ 深孔冰芯钻槽底部

【脆冰】

在冰盖一些深度范围内，存在着脆冰带。在冰川冰的形成过程中，气泡因巨大的压力下被困在冰中。当冰芯从冰川深处被提取到地表时，气泡会对冰川冰施加大于其抗拉强度的应力，从而导致冰芯的破裂和剥落。脆冰带取出的冰芯往往要比其他部位的冰芯样品质量差。脆冰带的冰芯需要用特殊的方法处理。

（修改自维基百科）

九　南极冰盖最高点上的 50 岁生日

1 月 10 日，从北京出发的第 55 天。今天是我 50 周岁生日！在南极冰盖的最高点过生日，很有纪念意义。考察队准备了一个从万里之遥带来的、经历了无数次颠簸的蛋糕，大厨准备了长寿面（东航那碗面），队友们都来表达了

■ 生日蛋糕和菜肴

热烈的祝贺！在这冰天雪地、与世隔绝的南极荒原，16 人的昆仑队，团结、活泼、有爱！觉得很是温馨和感动。

虽然已是 50 岁了，但我总觉得自己仍然很年轻，不曾有时光流逝之感。我依然对生活和未来充满激情，对任何事物充满好奇和关切。我依然对明天充满渴望，总觉得自己还是一个高山观云海、海边捡贝壳的少年。生活的磨炼只是提醒自己更加热爱生活，让我不再愤青和冷笑，而是学会了微笑和聆听！

■ 我的 50 岁生日宴

我知道，50 岁，不是人生的中继站，也不是阅历的停歇点。我时刻睁大渴望的眼睛，瞭望这个未知的世界；我随时张开有力的双臂，拥抱这个多彩的社会。不求绚丽的未来，只求如午夜的冰穹，阳光闪亮，微风荡漾，在静谧中安详地入睡。

■ 队员们在探空气球上撰写的生日祝福

十　探空气象观测

探空气象观测，即由气球携带温度、气压、相对湿度传感器，在升空的过程中观测并通过无线电传回数据。此类观测非常重要，地面的气象观测较为容易且数据较多，大气垂直方向（或垂直廓线，如从地面到2万米高空）的观测成本高而数据较少。短期上，垂直廓线的数据对认识气象特征和天气预报至关重要，可以提高天气预报的准确性；长期上，这些数据是认识南极气候变化的关键数据，气候变化不仅仅是地表，而是包括整个大气圈。

■ 探空气球充气

1月9日是在昆仑站的第一次观测，从探空气球传回的数据看到，昆仑站傍晚的气温是零下37摄氏度，到约288百帕的高度（距地面4500米），气温最低为零下57摄氏度。此后，气温逐渐上升到零下 40 摄氏度，而相对湿度在此高度也是一个转折点，由 40% 急剧下降到 1% 以下。这便是对流层顶，之上便是平流层了。在平流层，气温又逐渐升高。查看了 2013 年在昆仑站的探空观测资料，两次观测相比，各类数据基本接近。

对考察队员来说，释放探空气球是一个乐趣。队员们在气球上书写对家人的祝福和期盼。有些队员祝福父母身体健康、小孩学习进步，有些队员求婚示爱……我在给女儿祝福的气球上写道："语轩，在美丽的南极雪原祝你学习进步！一个大拥抱，自由飞翔于高空。爸爸，世昌。"刚好，近期以偏南风为主，气球在万米高空飘向北方，飘向遥远的家乡。

■ 给女儿祝福的探空气球

【探空气象观测】

探空气象观测，即无线电探空仪升空观测，一般是依靠施放探空气球来进行。气球在当前气象探空中仍然占有重要的地位。气球分为膨胀型和非膨胀型两类，气象探空中通常采用胶乳膨胀型气球。气球在空中以每分钟300～500米的速度上升，荷载质量为1～2千克，探测高度在0～40千米，在测风的同时测量空中的温度、气压和湿度。风的测量是通过雷达和探空仪的“对话”来实现的。探空气球携带无线电回答器升空，地面雷达对探空仪进行追踪，在地面向它发出“询问信号”，探空气球的回答器接收到以后，对应地发回“回答信号”。根据每一对“问”与“答”信号之间的间隔和回答信号的来向，就可以测定每一瞬间探空气球在空间的位置，即它离雷达的直线距离、方位角、仰角，然后根据气球随风漂移的情况，就可以推算出高空的风向与风速。

（来源于《气象知识》）

十一 钻取浅冰芯（2）

1 月 13 日下午，继续开始浅冰芯的钻取工作。我们首先用木板加固浅钻机的绞盘，使其相对稳定一些。下午 3 点多开钻，基本顺利。小问题是钻机与电缆的连线不太好，似乎是接触不良。晚饭后接着维修，顺利解决了问题，钻取到了 6.5 米的深度。但是很快起风了，体感温度极低，以至于无法工作，我们不得不再次暂停，改为在冰芯房继续整理和维护深孔钻机。

1 月 14 日，在冰芯钻取点周围围起了篷布，可以挡风，全天钻取浅冰芯。由于白天干活，尽管气温仍然是零下 30 摄氏度，感觉太阳晒得“暖洋洋的”。

■ 提取冰钻

终于解决了钻机与电缆的连线问题，然而又有新的问题出现。钻孔可能不直，导致钻机有时候无法自由下降，需要提钻重新下降，耽误了许多时间。冰钻的卡刀还是切不断冰芯，因此需要每次人工拼命地提钻。很多次，在这海拔 4000 多米的地方，我使出吃奶的劲，还是无法提起冰芯。好在昨天加固了绞盘底座，稳定的绞盘在卡断冰芯时发挥了巨大的作用。这一天“磕磕绊绊”“跌跌撞撞”，终于钻取了 24 米的冰芯。每次提钻都是高强度的体力活，一天的工作下来，觉得腰酸背痛。

1 月 15 日早上，四周的地平线上薄云涌动，到中午时云雾笼罩了整个昆仑站，近处的建筑物隐隐浮现，太阳在云雾后亮着通红的脸。探空气球测试的气温升高到零下 27 摄氏度，同时云的高度约 1400 米。与前几日比较，确实感受到了一丝“暖意”。午后云雾散去，但天空中飘洒着细细的冰晶和极小的雪粒。空气中水汽丰沛，地表凸起的地方挂上了冰霜，连我们拉钻塔的绳子上也结了如同微小树枝状的“雾凇”。我们的胡须上也结了冰珠，这是呼吸的水汽冻结所致，隔一会儿得用手慢慢抹去。

这一天继续全天钻取浅冰芯，但上午不顺利，冰钻居然无法下行。尝试多种办法，最后直接用钻机开槽到底部，冰钻才顺利下行。我们对冰钻操作越来越熟练。我每次提钻，都找到了感觉。今天的最高纪录是提取了一节 153 厘米

■ 我的单次冰芯最长纪录，153 厘米

的冰芯，这个长度是二十多年来的第一次。晚上继续加班，每次钻取需要 15 分钟，等待的时间很长。队友们感到寒冷，特别是脚冻得发麻。晓鹏还跪在地上装冰芯，膝盖痛的受不了。我一直在提钻，需要不停地走动，感觉不是太冷。今天钻取到了 45 米的深度，歇工。按照这个速度，我们还得 3 天才能到达 100 米的深度。后续的工作还是比较多，任务比较重，还得持续加班。

1 月 16 日，从上午到晚上一直钻取冰芯，除了钻进速度比较慢，其他一切顺利，今天钻到了 56 米的深度。无风，天气相对“暖和”，特别是晒着太阳的时刻。但是，接近晚上 10 点时，又卡钻了。因为钻头电机已经断电，无法钻进。一开始我感到绝望，这是今年第二次卡钻，在 50 多米的深度，感到提取上来的希望很小。晓鹏建议用重锤先把冰钻朝下砸，再提钻。王焘也来帮忙，接近两个小时，连续三次下砸、上提，最后钻筒在绞盘吱吱嘎嘎地挣扎和三个壮汉用木棒使劲地抬升中终于拔上来了，冰芯居然还保留在钻筒中，谢天谢地！在珠峰切断电缆、放弃冰钻的历史没有重演！已经午夜，很疲惫，赶紧休息！晚上睡得非常不好，梦中不停地提钻。白天的经历太深刻了。

1 月 17 日早上查看钻具，由于用重锤敲击钻筒的顶端，导致有些螺帽被砸歪，螺丝变形，电动机与钻头分离。一直维修到下午，因为没有合适的配件，只能放弃。原计划钻取 100 米的冰芯，现在看来是无法达到目标了，只能放弃。下午拆卸钻机，分别装箱，冰芯钻取工作在遗憾中结束了。

这次在昆仑站的第一个钻孔获得 19 米的冰芯，同一个地点的第二个钻孔获得 56 米的冰芯。按照昆仑站非常低的年降水量估算，预计可以重建近千年的气候环境历史。2005 年中国考察队第一次到昆仑站，获得了 109 米的冰芯，主要利用硫酸根记录分析了 2000 多年来的火山爆发事件，并讨论了数千年的气候变化。我们这次采集的冰芯计划分析一些新的化学指标，如重金属、黑碳、有机碳等。同时要采集大量雪坑样品，分析一些同位素的指标，研究人类活动、大气环流等特征。

十二 “雪鹰”号

2019年1月18日下午，雪鹰601飞机造访昆仑站，也算是昆仑站的一件“大事”，队友们很高兴！雪鹰601飞机是我国唯一的一架针对南极考察的多用途飞机，目前托管给加拿大，机组人员也都是加拿大人。南极的夏季，飞机从加拿大一路南下到南极执行科考任务，冬季回到加拿大检修和维护。

■ 队员们迎接“雪鹰”号

这是我们在南极的科考行程中第二次遇见“雪鹰”号。在中山站我曾跟“雪鹰”号的机组人员聊过天。机长在南极工作40多年，经验丰富。副机长是第一次来南极，感觉很兴奋。“雪鹰”号每年夏天的工作是国际联合冰盖测量，与澳大利亚、美国、法国等合作，特别是与澳大利亚合作互换“机时”，即“雪鹰”号协助澳大利亚科学家开展雷达、重力等测量，而澳大利亚给中国的科考人员提供从霍巴特到南极凯西站的客运座位，然后“雪鹰”号从凯西站运输科考队员到中山站。这样的路径比搭乘“雪龙”号到中山站节省约一个月的时间。

下午2点半，“雪鹰”号由北飞来，在昆仑站上空盘旋一周，然后自西向东，在新修整好的跑道上降落。机尾巨大的气流扬起了飞雪，场面颇为壮观。“雪鹰”号是从中山站起飞，经停泰山站，到达昆仑站。没有具体的任务，只是每年一次的例行飞行，为昆仑站带来火柴、可乐等一些琐碎的物资。回程再到泰山站加油，然后飞往中山站。单程需要4个小时。“雪鹰”号的巡航速度为每小时300千米，属于小型飞机，客货两用，兼做空中测量。可以携带探地雷达、光谱仪、测高仪等。平常开展国际合作，在东南极不同断面上进行科研测量。

“雪鹰”号在冰雪跑道降落

与南极科研强国相比（如美国、澳大利亚），我们还需要更加努力。例如，西方国家的科学家可以直接乘坐飞机到达各个台站开展科研工作，路途的时间一般是几天到一周。但是，我国的科研工作者花在路途的时间是科研时间的数倍。一是到达南极需要乘船一个月，到达内陆工作点又是一个月。这次在昆仑站的有效工作时间是 20 天，但回到中山站，等待“雪龙”号到达中山站，再回到上海，还有两个多月时间。因此，对于冰盖内陆工作的人员，路途耗费的时间太多太多。希望我们尽快提高运输的效率，缩短路途的时间，让科研人员的时间用在科研上而非消耗在路途上。

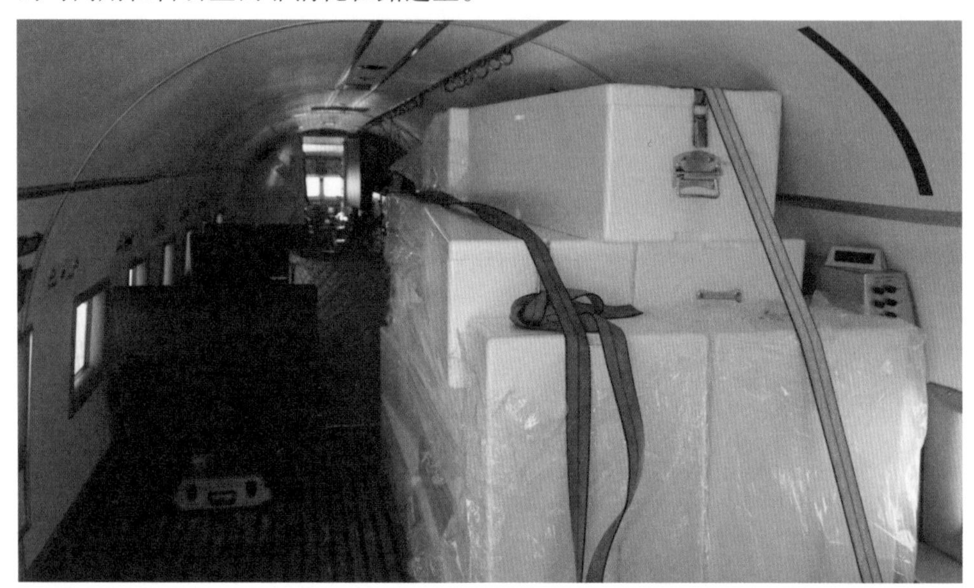

■ “雪鹰”号机舱内部

■ 与“雪鹰”号及机组合影

【“雪鹰”号简介】

雪鹰601产于美国，是我国的首架极地固定翼飞机，它是双发动机配置，能够满足单台发动机飞行性能的要求。在有效荷载不小于2.5吨的情况下，它的飞行距离不小于2600千米（中山站至昆仑站往返距离）。雪鹰601具备科学调查、应急救援和快速运输三大功能。雪鹰601完全满足科学调查的需要，可以开展大气科学、气象学、遥感科学、冰川学、地质学等多个学科领域的调查，还可以作为内陆地区的科研平台起到支撑保障作用。雪鹰601的航程较长，额定载客18人，在应急状态下可以搭载30人，因此可以保障科考人员的生命安全，实现应急救援的目的。时速300千米的它，相比雪地车、卡特车，可以达到快速运输人员、物资的要求。“雪鹰”号的起飞降落条件相对一般固定翼飞机要求要低，因为在加装了滑橇式起落架的情况下，它能够在平坦雪面起降。此外，它能够在地面环境温度零下50摄氏度下使用，可在南极冰盖海拔4100米区域起降。

（来源于《中国海洋报》，特派记者吴琼）

■ “雪鹰”号装卸物资

十三　采集雪坑样品

1月19日，我开始采集4米的雪坑样品。队友王焘用雪地车推出了一个4米的雪槽，姜华帮忙做了一个脚手架。雪坑采样非常方便，上午准备好雪坑采样的用具，下午开始采样，晚上加班到11点。今天有风，很冷。晚上站在脚手架上采样，胡子上布满冰珠，鼻涕不知不觉流到了胡子上。整个身体透心凉，连嘴巴都冻得麻木，说话都不连贯了。同时胃隐隐作痛，冻得太厉害，赶紧回住舱休息。晚上全队在昆仑站吃火锅，但是食欲不振。

■ 雪地车推出的雪坑

1月20日早上走出住舱，感觉比昨天更冷了！气温零下35摄氏度，但风速达到8米/秒，体感温度很低。昨晚睡眠不好。三点醒了，感觉一直在恍惚之中，似乎还在忙忙碌碌地工作。完全清醒后告诉自己，在25号撤队前一定能完成工作。随后又安然入眠，直到今早8点半醒来。

全天采集雪坑样品。我和晓鹏一起采，思宇做记录，速度提高了很多。避免样品被污染，我只能带着薄手套，再套上洁净的塑料手套。因此，手很冷，几分钟指尖便冻得发麻，然后是疼痛。晚上气温更低，11点结束采样，左手已经麻木。在雪地车里暖和十分钟，取下手套，手背呈紫色，抚摸左手手背，如同摸到冰一样凉。回到住舱（室内温度不到十度），一个小时后手脚仍然冰凉。打开电褥子，躺在床上看书，才慢慢暖和过来，感觉这是最惬意的时光。

■ 采集雪样

1月21日，经历了3天的严寒和努力，终于完成了4米雪坑的采样工作。今天仍然是大风（8米/秒）和低温（零下35摄氏度）。我把较薄的羽绒衣和羽绒裤套在“企鹅服”（连体羽绒服）之下，身体觉得不是太冷，但仍然冻脸和冻手。风裹着细雪，扑打着脸，顷刻间脸部感到麻木。很快五指轮换着麻木，左手和右手交替着疼痛。在采集雪坑底部的样品时，我跪在雪地上一个小时，平时没有感觉到寒冷的双脚也开始发麻。谢天谢地！昆仑站的雪层比较松软（平均风速小于下降风区域，风力的压实作用较小，雪层松软），即使我们每隔3厘米采集一个样品，我们还是快速地完成了样品采集。

■ 雪坑样品采集

看了昆仑站的气候资料。一般12月的气温最高，平均零下32摄氏度，1月开始下降。目前已经是1月下旬，气温将越来越低，天气将越来越冷。今年昆仑队的两大任务，冰川学和天文观测，冰川组已基本完成任务，天文组正在调试阶段。计划25号撤离，我们可以顺利完成任务。今晚整理了样品箱，4米的雪坑采集样品532个，同时与前期的浅冰芯合在一起，有26个样品箱。明天把样品箱装在雪橇上，同时把回中山站沿途采样的各种用具准备好。

■ 位于昆仑站的天文望远镜

十四　告别昆仑站

1月21日晚上，35次科考队副领队魏福海通报了“雪龙”号撞上冰山的事件。本月19号“雪龙”号在阿蒙森海观测的时候，由于浓雾而撞上冰山。当时航行速度3节，撞击导致桅杆断裂。随后检查了发动机等核心部件，发现船只各个关键部位未受到损害，可以安全运行。随后福海建议昆仑队注意安全，完成任务后尽快撤回中山站。

■ “雪龙”号前方

队友们获得了各种小道消息，说当时大雾，“雪龙”号发现冰山后紧急刹车，最终以航速3节（8千米 / 小时）和冰山相撞。冰山倒塌后把船头的护栏压坏，把桅杆撞断。目前“雪龙”号回到了长城站，国内也派出专家组赴长城站对“雪龙”号的状况进行评估。按照“雪龙”号的情况，可能有两种选择，一是“雪龙”号直接回国，二是“雪龙”号到中山站接上考察队员后再回国。据说第二航段的大洋调查已经停止，队员搭乘韩国的船只回国，第三航段的大洋考察也将取消。南极考察确实受到海冰和冰山的威胁，考察队一直在强调安全。这次事故也凸显了极地考察的艰辛。回到中山站，可能会得到更多的信息。

1月22日晚上，接到副领队的通知，给出了此后的时间节点。2月1日必须到达泰山站，2月8日到达中山站，2月15日“雪龙”号接科考队员离开中山站回国。行程的改变主要是由于19日下午“雪龙”号在罗斯海撞上了冰山，船体的“健康”状况可能出现问题所致。昆仑队领导开会讨论，初步决定24号离开昆仑站，比原计划提前一天出发。我们冰川组的工作基本完成，但天文组还在加紧调试仪器，如望远镜的聚焦问题、监控摄像的镜头模糊问题以及10米气象塔的风速问题。

确知“雪龙”号撞上冰山之后，我们开始整理返程的物品。先把食品和垃圾放在一个雪橇上，然后规整出一个雪橇专门盛装冰芯和雪冰样品，以及沿途的雪冰观测和采样用品。下午把浅冰芯样品（14个白色冰芯箱）和雪坑样品（10个蓝色冰样箱）装上雪橇。同时整理了三联箱，把沿途采样需要的冰样箱和物品归类。晚上我们三人把冰芯房的配件逐一登记整理，同时把冰芯房的卫生做了清理，一直干到11点。

1月23日，天气较好，尽管气温是零下35摄氏度，微风，比前几天“温暖”。今天基本上是扫尾工作。上午去冰穹A测量物质平衡花杆（包括花杆点阵25个），采集表层雪样。下午把冰芯房与发电舱的电线收起来，然后捆扎运输雪冰样品的雪橇。一天都是体力活，有些疲劳。明天拔营，结束在昆仑站近20天的工作。深冰芯钻机的维护和样品的采集基本顺利，只是浅冰芯原计划是100米深度，最后仅获得56米，略有遗憾，虽然这样的“成绩”相对来说已经不错了。

人生中第一次体验如此的严寒，近年来第一次干如此密集的体力活，第一次出现了高血压……在昆仑站确实遇到了许多个第一次，但我仍然非常“享受”昆仑站的风景和生活。极昼，晚间的太阳让人感受到金色和柔和的世界，也让我们可以晚上随时加班，不用担心天黑。而几乎每天都出现的日晕和佛光则让我感受到天空之美，绚丽多彩！看不到下雪但地上会有一层薄薄的雪冰粒，这是晴空冰晶雨的功劳，纤细的冰晶和雪粒在空中快乐地飞舞，折射出七彩之光。

■ 35次科考队离开昆仑站的指示牌留念

■ 昆仑站地标

我想，自然的风光无限，但我们在有生之年能够欣赏到的却极其有限。从第三极到南极，白色的世界是桥梁，但它们的白色各有千秋！第三极，是白雪烘托着险峰，但在南极，是高峰托举着白雪。在这里，你几乎看不到任何黑色或黄色的基岩，所有的尖峰都被覆盖在百万年冰雪之下。这里才是完完全全的冰雪世界。人的一生有此机会与冰雪相伴，足矣！

【“雪龙”号撞冰山新闻】

“雪龙”号1月19日所经海域风速小、湿度大，雾气愈发浓重，目测能见度在200米至2千米之间变化不定。10时45分左右，值班驾驶员和水手在驾驶室正常进行冰区航行及瞭望。此时，密集浮冰如同一片片巨大的白色荷叶。行至密集冰区，雷达屏幕上满屏皆是黄色亮斑，让人无法分清哪些是冰山，哪些是浮冰。受突然而至的浓雾影响，值班驾驶员在望远镜中发现船艏方向一座平顶冰山时，距离仅百余米。驾驶员随即全速倒车，10 时 47 分，“雪龙”号在惯性作用下，船艏前桅首先触碰冰山。影像资料显示，该冰山周围存在大块漂浮冰块，船速在破冰时进一步减缓，发生触碰时船速约为 3 节。无论是考察队领导回看监控视频后总结，还是值班驾驶员回忆，都提到了一个重要细节——船舶抵近冰山时没有随意调整航向。轮机长周豪杰告诉记者，如果当时船稍稍改变航向，以侧面接触冰山，船艏侧下方的水舱、油舱都可能破裂进水，将严重影响船舶安全。而“雪龙”号作为一艘破冰船，船艏甲板是全船最坚固的“盾牌”。驾驶员在极短的反应时间内果断操作，以船艏正面“对抗”冰山，最大限度减少了船舶可能受损的程度，同时在碰撞发生前全速倒车，为船舶紧急制动、及时退出危险区域赢得了主动。

■ 在阿蒙森海与冰山发生碰撞后的“雪龙”号（2019 年 1 月 19 日摄）。
新华社发（中国第 35 次南极科考队供图）

碰撞发生 3 分钟后，考察队启动了应急响应，第一时间清点并了解人员情况，确认所有在船 105 人均状况良好，人员无受伤情况。“雪龙”号倒车退至浮冰区，随即开展安全检查。经查，船舶动力设备、主辅机及轴系、通讯及导航设备运行良好，压载水舱、油舱情况正常，仅船艏甲板区域冰雪堆积，并压覆船舶前桅及周边防浪板。经估算，冰雪堆积约 400 立方米，重量约为 250 余吨。

（修改自中国海洋报记者王自堃新闻报告内容）

十五　我国南极冰芯研究的困境与希望

国际上的深孔冰芯钻取一般在南极冰盖或格陵兰冰盖，深度超过 1000 米，如格陵兰冰盖的GRIP、GISP2、NEEM和EGRIP冰芯等，而南极冰盖有东方站、SIPLE Dome、Dome C、Dome F 冰芯等。极地工作的窗口期很短，一般只能在夏季工作 4 ~ 5 个月，而深孔冰芯钻取通常需要经历 5 ~ 6 个野外季节才能完成。昆仑站（Dome A）冰芯于 2012 年完成所有的准备工作，2013 年开始钻取。但 2014 年和 2018 年没有内陆队，今年又仅仅是维护钻机系统。因此，尽管过去了整整七年，却仅仅钻进到 800 米，据说格陵兰 EGRIP 一个野外季节就能钻进到 800 米。这种工作进度显然是太慢！主要原因是每年的工作时间太短，大约只有 20 天，其中还有钻机的维修和维护等。

与国际上比较，我们的后勤保障明显不足，西方国家一般用航空运输物资和人员。在夏季开始便快速运送科研人员和生活保障物资到达工作地点，以便科研人员马上投入工作。而我们则是在南极的夏季已经开始，“雪龙”号才从上海出发，一个月后到中山站，最快半个月后才能从中山站出发，又要半个月才能到达昆仑站。考察队员夏季的野外工作时间全部消耗在路途上。尽管我们有陆路和空中运输能力，如众多的雪地车和雪鹰 601 固定翼飞机，但每年的考察任务繁多，只能把冰芯钻取工作与其他任务合在一起，无法保障冰芯钻取所需的数月之久的工作时间。

要在南极研究上取得国际一流的成果，昆仑站的冰芯是一个潜在的亮点。昆仑站周边，由法国科学家主导的 Dome C 冰芯（位于东南极冰盖昆仑站的东方）重建了过去 78 万年来南极的气候变化历史，特别是给出了温室气体（如二氧化碳、甲烷等）浓度的变化。在过去如此长的时间（78 万年以来），二氧化碳的浓度最高值在每升 280 毫克左右。然而，今天剧烈的人类排放使得大气二氧化碳浓度已经超过每升 400 毫克，这是史无前例的；同时也侧面证实了人类工业革命以来，由于温室气体的排放导致全球变暖这一事实。由日本科学家主导的 Dome F 冰芯（东南极冰盖昆仑站西方）重建了过去 72 万年来的气候变化，比 Dome C 冰芯的时间略短。昆仑站冰芯有望获得过去 100 万年来的记录，将超越邻近两个冰芯的记录，对高分辨率、长时间尺度地认识南极的气候变化是极好的补充，包括超过百万年以来的气候变化过程、原因、周期等。国际上也对昆仑站冰芯翘首以待。作为一个科研工作者，我衷心希望昆仑站冰芯能够早日获得 3200 米长度的冰芯样品，能够把我国的冰芯研究推向国际水平！

【《南极条约》】

1959 年 10 月，12 个国家在华盛顿举行了有关南极问题的正式会议。12 月 1 日，苏联、美国、英国、法国、新西兰、澳大利亚、挪威、比利时、日本、阿根廷、智利和南非等 12 个国家签署了《南极条约》。经各国政府批准后，该条约于 1961 年 6 月 23 日起正式生效。目前《南极条约》有 42 个成员国，包括 26 个协商国和 16 个非协商国。我国于 1983 年正式成为南极条约的成员国，1985 年 10 月 7 日，中国成为南极条约协商国。《南极条约》承认为了全人类的利益，南极应永远专为和平目的而使用，不应成为国际纷争的场所和对象；认识到在国际合作下对南极的科学调查，为科学知识做出了重大贡献；确信建立坚实的基础，以便按照国际地球物理年期间的实践，在南极科学调查自由的基础上继续和发展国际合作，符合科学和全人类进步的利益要求，并确信保证南极只用于和平目的和继续保持在南极的国际和睦的条约将促进联合国宪章的宗旨和原则。《南极条约》的规定适用于南纬 60 度以南地区。继《南极条约》签订之后，南极条约协商国又先后于 1964 年签订了《保护南极动植物议定措施》，1972 年签订了《南极海豹保护公约》，于 1980 年签订了《南极海洋生物资源养护公约》，于 1991 年签订了《关于环境保护的南极条约议定书》。《南极条约》和上述公约以及在历次南极条约协商会议上通过的具有法律效力的 160 各项建议措施，统称为南极条约体系。《南极条约》是南极条约体系的核心和基础。

（修改自中国人大网、中国外交部网、国家海洋局极地考察办公室）

第四部分

苦乐交融，回程的冰雪采集之旅

尽管气温只有零下20多摄氏度，但强劲的风挟裹着雪粒，猛烈撞击着任何阻挡的物体。下车采样，觉得瞬间双手冻得麻木，雪粒抽打着脸面，先疼痛后麻木。坚持10分钟采样结束，回到车内，双手由麻木变得疼痛，然后发痒。反反复复，每隔10千米采样，受尽风雪的残酷“折磨”。

一　花杆观测和雪样采集

1 月 24 日，从昆仑站出发的第一天，因为昨晚气温太低，两台 PB 雪地车无法启动。我们忙活了半天，给发动机喷了启动液才成功。原计划 9 点出发，却一直拖到 10 点多。我们计划每两千米测量冰川物质平衡花杆，10 千米采集表层雪样、测量雪密度和雪温。出发后一切顺利，只是采样时非常冷，很快双手冰冷。下午风向由西北转为东南，但风力减弱。一直到傍晚，有点“风和日丽”的感觉，采样也不再特别寒冷。测量花杆和采样都比较顺利，全天行程 87 千米，海拔下降到 3970 米。上午 10 点出发，一直到晚上 8 点宿营，比大部队晚半个多小时。一路上随时上车下车，全天持续工作了 10 小时，略有疲惫。

■ 冰川物质平衡观测

今日共测量了 39 个花杆（这些花杆是前几次考察队设置的），采集了 8 组表层雪样品。冰川物质平衡花杆观测，主要是要测量表层雪的高度变化，从而计算冰盖的物质平衡。野外一般直接测量雪面到花杆顶的高度，逐年的高度变化便是表层雪的高度变化。如果雪面的高度增加，则冰盖表面的物质平衡为正，即有物质盈余（亦即积累），反之，冰盖表面的物质平衡为负，即有物质亏损。今天测量的冰穹 A 地区的雪面变化每年基本小于 5 厘米，可见该地区的积累量非常小。航空和遥感资料也可以计算雪面高度的变化，例如用不同时期的资料反演雪面高程，它们的差值就是变化。与这些新技术比较，我们在地面逐个测量确实是费时费力，但是航空和遥感资料的计算结果在目前仍然存在一定的误差，需要进行数据验证，通过人工直接观测的数据极为必要。

■ 雪样采集和观测

1 月 25 日，早上 7 点半出发，午夜 12 点半扎营、吃饭，比大部队晚了约 3 个半小时。连续工作 18 个小时，目前不太疲倦，工作起来反而特别兴奋。想起青藏高原的冰川考察，几乎全部是靠步行，体力消耗非常大，工作一天精疲力竭。

今天没有吃早饭和中饭，主要靠水果充饥，晚饭也不可口，食欲不强。但是想到掉体重还可以减肥，感觉没食欲也挺好。天气不错，风力不大，比起昆仑站的工作环境好了很多。队长商朝晖开车并一路帮助我们。行程 110 千米，采集了 11 组样品，测量了 55 个花杆。今天抵达宿营地特别晚的原因一是有些路段非常颠簸，车速起不来；二是表层雪非常坚硬，观测和采集样品的速度非常慢；三是在 1100 千米处测量了 6 × 6 的花杆点阵，花费了不少时间。

队友们急着赶路，但冰川学的常规观测必须要完成，辛苦一下理所应当。凌晨 1 点半，悬挂在南边的太阳发出柔和的光线，透过窗户照进了住舱，不用戴墨镜便可以放眼四周，半个月亮居然挂在东边。南极的极昼，看到月亮实在是太难得了。之前半夜采样时也看到过东边升起的月亮，已经过去一个多月了。天边漂浮着暗色的薄云，没有一丝风，多么祥和的午夜啊！早安！今天继续努力！

1 月 26 日 6 点起床，7 点出发，晚上 10 点 40 分宿营吃饭。行程 110 千米，连续工作超过 16 个小时。海拔下降迅速，到了 3040 米。我们一路朝北，早晨，太阳在东侧照耀着驾驶室；中午前后，太阳从北侧直射驾驶室，感到很热；傍晚太阳已经转到西侧，而午夜太阳已经落到了雪地车的后方（南侧）。感谢极昼带给我们工作的便利，太阳永远围绕着我们转圈，从东到北，从西到南，让我们昼夜沐浴在阳光中。

■ 采集表层雪

今天分班，两人一班，我可以在后车厢休息一会儿。第一次在雪地车的后车厢中体验颠簸，感觉就是三维地晃动，前后左右上下。有一阵子我没有抓住绳子，便直接从座椅上甩下来。有个好处是，只要躺下，基本安然无恙。我们在后车厢的地板上铺上垫子，直接躺在垫子上或躺在椅子上，这样基本是前后晃动，感觉舒服多了。今天的路比昨天要颠簸，手机健身记录中居然颠出 45 000 多步，创纪录了。

由于风力的作用，雪面有些区域是积累区，积聚了风吹来的粒雪；有些区域是风蚀区，雪面被风打磨的坚硬无比。这些区域交替出现，导致车辆在起伏不平的路段上颠簸。

1 月 27 日，连续工作近 18 个小时，行程 120 千米，又是收获满满的一天。早上出发，高达 3 米的雪垄纵横连绵，只能顺着雪垄的方向蜿蜒前进，寻找花杆进行测量。稍有不慎，雪地车后面的雪橇就可能被颠翻。战战兢兢，左旋右盘，终于测量了一个花杆。后来我们发现错过了雪垄群中的另一个花杆，无奈只好放弃。后来，路越来越好，雪地车的速度逐渐加快。在下午的工作中发现，花杆的移运很大，大部分与 GPS 的位置差异超过 200 米，主要是朝西北方向运移。掌握了这个规律，寻找花杆就相对容易一些。花杆一般最高高度 150 多厘米，就像一个风向标，老远就能看得见，但有些花杆只剩几十厘米，又偏离 GPS 的位置，难以发现。很骄傲自己的视力，我基本能够看到最短的花杆（30 厘米）。

■ 下车观测和采样

【冰川物质平衡】

指单位时间内冰川上以固态降水形式为主的物质收入（积累）和以冰川消融为主的物质支出（消融）的代数和。积累指冰川收入的固态水分，包括冰川表面的降雪、凝华，再冻结的雨以及由风及重力作用再分配的吹雪堆、雪崩堆等。消融指冰川固态水的所有支出部分，包括冰雪融化形成的径流、蒸发、升华、冰体崩解、流失于冰川之外的风吹雪及雪崩。有时部分融水下渗后重新在粒雪、冰面或裂隙中冻结，这部分融水不造成冰川的物质支出，称为内补给。物质平衡由冰川区能量收支状况所决定，因此可通过不同的能量参数对物质平衡（包括温度指标法、平衡线法、度日模型及能量平衡模型等）进行模拟重建。

（来源于《冰川学导论》）

二　雪原的艰辛和寂寞

刚到昆仑站的前几天一直在做冰芯房维护和调试深冰芯钻机系统，劳动强度不大，颇有休整的感觉。只是由于钻机液的气味较大，感觉有些头晕、咳嗽。后面的工作就比较疲劳了，腰酸背痛，特别是右胳膊有些酸痛，尤其是雪坑采样，右手和右胳膊不停地使劲。这个月 9 号体检时，我的血压到达 150[①]多，低压也超过 100，这在我的记忆中从未出现过，不知道是因为过度劳累还是高海拔之故。嘴唇发木，有溃烂的迹象。后来的医学检测，血压还是偏高，医生说可能是高原性高压，到低海拔会好转。我的体重由国内的 87 公斤降到 79 公斤，减肥效果明显。从昆仑站出发后则是早出晚归，每天工作十几个小时。早饭和午饭基本都顾不上吃，主要靠苹果、梨、饼干和一些干果充饥，每天晚上都感觉有些疲惫。但比起青藏高原的冰川考察，还是觉得很幸福。

青藏高原的冰川考察，几乎全部靠步行，体力消耗非常大，工作一天感觉精疲力竭。记得有一年国庆节期间，我们去祁连山西段大雪山老虎沟 12 号冰川考察。这条冰川是祁连山最大的冰川，长度超过 10 千米。去冰川的路，往往都在陡峻的冰川侧碛上。冰川表碛是无数大小不一的乱石和碎屑，下方都是埋藏的地下冰。五六月份之后，气温升高，冰川表碛的路变得崎岖湿滑。牛头大的石头，一脚踩上去，都有可能滑下去。人一边走，山坡上一边滚石头。长距离在冰川边缘行走这种路，牦牛和马都走不成。为了能够尽可能多地携带样品，我们往往轻装简行，尽量不在山中扎营，每次只携带空包、水和一点即食食品。

那一次考察工作，我们计划到海拔 5400 米的老虎沟 12 号冰川上部，即冰川粒雪盆采集雪坑样品。早上 8 点出发，一直到晚上 8 点才到达采样地点。当天雪特别厚、特别软，一脚踩上去，半条腿直接陷入雪中。走到后半程，我的大腿酸痛，几乎无法从雪地里拔出双脚，只好用手提起大腿部位的裤子，帮助

①单位是毫米汞柱，余同。

■ 在青藏高原徒步考察

大腿拔出脚，勉强极其慢速地前进，体能的消耗极大。到达采样点后，一行人没有时间休息，趁着太阳的余光抓紧工作。

完成工作已是黑夜，我们只得凭借对地形的熟悉而摸黑下撤。背着几十斤的样品徒步行进，与上部积累区的松软厚雪不同，消融区冰川表面极为光滑，一不小心就会摔倒。尤其是在体力不足、视线昏暗的情况下，此时开始腿脚发软，稍微有些光滑的地方便会站立不稳，平时可以轻松越过的沟渠，此时也变得困难。临近冰川末端的时候，队员们更是一个接一个在冰川上摔倒。凌晨4点才回到冰川末端的祁连山站，连续奋战了20个小时，其中一个同事因过度劳累而大喊大叫，有点“歇斯底里”。在青藏高原的野外考察，每一次都是对科学家们身心的巨大挑战。

雪原是寂静的，色调也是单纯的，满眼的雪白。很想能够看到绿色、听听小鸟的鸣叫，可惜这些只能在梦中。记得我第一次青藏高原出野外，是1993年夏季，在唐古拉山垭口附近的冬克玛底冰川末端住了3个月。考察任务不重，隔一段时间去冰川观测和采样，主要是气象和水文的观测。三个月的时间，昼思夜想的是见到一棵大树。高山草甸、蓝天白云，点缀着一群群的牦牛和羊，以及偶遇的孤狼或狼群，其实景色并不单调。然而，毕竟是第一次“与世隔绝”地生活，没有邮件、电话，无法和家人朋友联系，大部分时间是在盼望结束考察中度过。3 个月后到达格尔木，看到街道两旁的大树和五光十色的城市风光，觉得又回到了人间，兴奋又忐忑。从严酷的环境中进入安逸和舒适的城市生活，因为经历过，所以学会了珍惜和奋进。

大概再有 10 天就能到达中山站，能够欣赏这种单纯和寂寞的时间已经不多了。之后越过碧蓝的大海，就能够看到“五颜六色”的大陆了。

■ 孤寂的雪原

【高原高血压】

长期居住在高原地区的人血压增高（特别是舒张压增高多见），而又不存在其他致高血压的情况，返回平原后不经降压处理，血压很快恢复正常，称为高原性高血压。总发病率无确切统计数据，但远高于居住在非高原地区的患病率。高原高血压的主要病理是由于缺氧使大脑皮层对皮层下枢的调节功能减弱，血管运动中枢兴奋性升高，通过交感神经兴奋和肾上腺素分泌增多，引起小动脉收缩。另外，红细胞增多，血液黏滞性升高也是引起外周阻力增加的一个因素。

（来源于李卓《高原高血压相关基因的生物信息学分析》）

【冰碛物】

冰碛物指由冰川侵蚀、搬运和沉积的物质。其主要沉积特征是大小混杂、无分选、不分层。其中砾石称为冰碛石，形态以次棱角状居多，且由于搬运过程的撞击多有断口断面。典型的冰碛石是经过摩擦的，叫作擦痕石（striated boulder），具有一个甚至多个擦面，其上擦痕细长致密，都顺着砾石长轴方向延伸，反映其在冰川运动时调整为易于克服阻力的方向。冰碛物的沉积特征及其砾石形态和表面特征，均显示固体介质侵蚀搬运的特点，是鉴别冰川沉积真伪的关键性标志。巨大的冰碛石叫作漂砾。冰碛物来源于冰川侵蚀基岩产生的岩屑、冰川外围岩壁寒冻和热力风化产生的岩屑以及风力吹扬于冰川的沙尘三部分。汇入冰川后，在消融带低温水中也发生微弱的化学风化作用，形成一定的黏土组分。

（来源于《冰冻圈科学辞典》）

三　南极和珠峰的风

1月31日，全天乌云密布，只有在西边的天际线上露出一条淡红色的彩云。风依然在吹，生活舱在风中轻微地晃动。中午又吹起了大风，能见度下降。我们观测花杆的记录被风吹走了，有7个花杆观测数据丢失。因此返回重测，多走了近30千米，多花费了3个小时，到达泰山站已经是下午4点多了。挂在车上的队旗被风撕扯得只剩下三分之一。让我想起珠峰的狂风，与南极可以媲美。

■ 风雪中的车队

■ 被风吹蚀的旗帜

2005 年春季珠峰科考期间，我带着两名队员去海拔 7000 米以上采集雪冰样品（我们一直住在 6300 米的前进营地下方）。当天上山，登山队员都在下撤，并告诉我们天气预报说当天有大风。我们三个人仍然坚持上。从前进营地到珠峰北坳（海拔 7028 米）的一号营地，几乎是垂直上升，要经过无数个陡坡和巨大的冰裂隙。实际有些路段几乎是 90 度的冰悬崖。我们三人既没有上升器（一种在登山安全绳索上只能单方向滑动的登山设备），也没有绑在登山鞋上的冰爪。我们在悬崖部位手抓绳索，用臂力抓着绳子攀升。经过冰裂隙时比较危险，因为一般的登山队员把身体上的套环系在登山安全绳上，即使滑落，还有安全绳作为最后的保证。而我们三人却是用手抓着安全绳，走过 5 米多长的铝合金梯子，通过了最长的冰裂隙。

到达北坳的一号营地，体力消耗剧烈。周围有登山队员宿营的小帐篷。当时天气尚好，照了几张照片，根据此照片，西藏登山协会给我们三人颁发了到达 7000 米的证书。随后继续上行，此时风速加大，行走越来越艰难。经过北坳后，有一段路很窄，我带着线手套（比抓绒手套要薄一些），抓着安全绳，由于风太大，几乎无法站立，只能弓着身子慢慢向前挪步子，手已经冻得麻木。坚持

■ 东绒布冰川冰塔林

了一段时间，回头一望，看见两个队友远远地落在了后面。朝他们喊叫，让他们继续前进，但风太大听不到他们的回答，只看到他们蹲在地上拼命地摇手。我明白风太大，已经有危险了，不能再前进了。我计划是再朝上走一段，采集样品。但看看我的身边，我所在的地方宽度 2 ~ 3 米，左右都是悬崖，劲风中一失脚或手上一松劲，随即便会坠下悬崖，性命不保。向前看，陡坡上是狂风卷起的雪雾，回望同伴，他们俩还蹲在地上。我心中闪过一丝恐惧，感觉自己的身子有些晃动。风丝毫没有减弱，我慢慢地转过身子，用麻木的手抓着绳子，半蹲着，缓缓地朝同伴的方向移动。胆战心惊加战战兢兢，不知多久才回到同伴身边。他们俩告诉我，太危险了！风大、路窄、手冻僵了，无法站立，再前进就有生命危险。我们三人继续慢慢地向下移去，到北坳（是一个较大的平地）便基本安全了。稍事休息，我们开始采集样品，并顺利下山到达前进营地。

■ 珠峰前进营地

北坳这次狂风体验，让我真切地感受到人在大自然面前的极度渺小，人的生命在严酷的大自然面前是多么的脆弱。敬畏自然！这是我在珠峰工作多年的最深刻的体会。

四　青藏高原的苦，南极比不了

队友们有时候来房间聊天，看着我黝黑的脸，就问我野外工作是在青藏高原辛苦还是在南极内陆辛苦。我不假思索地回答：“青藏高原！”最主要的区别是在青藏高原冰川区工作，机械化程度非常低，所有的工作都要靠人力，而在南极几乎全部是机械化。例如最简单的挖雪坑，高原上靠人力，一铲一铲地挖出一个雪坑，在南极可以用雪地车，挖出一个深槽，空间大，采样方便。

泰山站可以提供热水洗澡，科考的途中也可以在住舱内用热水擦澡。而1997年珠峰科考，大约一个半月后才回到日喀则，第一次洗澡，在浴缸里泡了半个小时，当时舒服和愉悦的感觉至今难忘。我告诉朋友，“天堂是比出来的”。当你无法想象天堂的愉快时，只需要在极端严酷的环境中工作一段时间后，带着满身的汗污泥垢泡一个热水澡，然后躺在床上便如入仙境，飘飘欲仙了。

■ 在冰芯钻取帐篷内

2001年在珠峰东绒布冰川，我们一帮人在冰川上运送冰芯，遇到陡坎，在海拔6000多米喊着号子将几十公斤重的冰芯硬是拖过了冰坎。这次在昆仑站，我们采集的4米雪坑样品，装了10箱，晓鹏用捆扎带绑好，用卡特车直接吊出坑道，装到雪橇上。我感慨，我失去了一次喊着号子干活的“机会”。

1999年6月间，我带着一个做地质调查的藏族小伙子，围绕着念青唐古拉峰的南北坡徒步考察，寻找一个合适的冰芯钻取点。两周的徒步，我脚底磨出一个大泡，每天喝着冰雪水，穿着从地摊买的所谓防水冲锋衣，遇到雨天就成了落汤鸡，但我仍然乐此不疲，靠着地形图的指引，爬到冰川顶部，观察地形和测量。藏族小伙子已经苦不堪言，哭哭啼啼，几次差点就回家了。

1995年9月，刚刚注册博士生的我，独自一人去了天山乌鲁木齐河源1号冰川区，替换同事，观测取样。刚走出熙熙攘攘的大学校园，独自守在野外观测，经历了一段时间孤独的煎熬。白天采集气溶胶样品，最大的困难是启动发电机。在海拔4000多米，发电机极难启动。经常需要半个小时甚至一个小时，不停地拉动启动绳，不停地清洁火花塞。而我们在南极冰盖，发电舱中一个庞大的发电机，机械师只需要轻轻拨动开关，便可以自动点火启动了！在天山深处，一整天的气溶胶采样，等待中最恐惧的还是怕与熊遭遇。乌鲁木齐河源1号冰川所在的大西沟空冰斗，据说熊经常出没。我会在空冰斗水文观测点的小木屋中燃起一堆小小的篝火，一边烤火一边看书，同时，可以防止熊的进攻，熊是怕火的。我就这样坚持了三个月，留着90年代流行的长发和被风霜造就的粗粝面庞，回到了兰州的研究所。

从第三极到南极，思绪又从南极到第三极，这并不是要刻意做对比，只是想追寻成长的足迹。由科研的“青葱”到科研的“大叔”，是青藏高原的严酷和寂寞塑造了我对科研的“热情奔放”、对自然的敬畏、对困难的乐观、对人生的豁达！

【气溶胶】

气溶胶是指空气中悬浮的固态或液态颗粒物，其大小一般在几纳米至10微米之间，可在大气中驻留至少几个小时到几周。气溶胶有自然或人为两类来源。气溶胶可通过几种方式影响气候：通过散射和吸收辐射产生直接效应；通过作为云凝结核或冰核改变云的光学特性和云的生命期而产生间接效应。

（来源于IPCC第五次评估报告）

五　回忆在北极的求学生涯

时常狂风减弱后，便会晴天降“雪”，事实上空中飞舞的还是冰晶。太阳左侧又形成了日晕，散射着七彩光芒。只要有休息的时间我就会看书，最近在读余兴光主编的《变化、影响和响应：北极生态环境观测与研究》。我国对北极的系统研究以1999年“雪龙”号第一次北极考察为起点，随后2004年在北极斯瓦尔巴群岛的新奥尔松建立了黄河站，有了陆基的定点监测台站。

我是1996年1月到斯瓦尔巴群岛的首府朗伊尔，在UNIS（University Centre in Svalbard）选修研究生课程。元月份是当地的极夜，挪威的导师Yngvar Gjessing教授从机场接我到研究生宿舍，一路上冰天雪地、灯光暗淡。第二天早上去学校，仍然是一片漆黑。坐在UNIS的教学楼内，上课、自习，一整天仍旧是在灯光下度过，第一次体验了极夜的“严酷”。随后的无数个“日日”夜夜，完全是按照钟点来作息。到了4月，一缕曙光从东边升起。渐渐地，每天的日照从几十分钟延长到几个小时，等我5月底学期结束离开朗伊尔时，夜晚的太阳已经是沿着西边的地平线滑行到北边，再从北边的地平线滑行到东边重新升起，极昼来临了。

我在《海洋物理学》课程实习时到过新奥尔松。船靠岸后我们参观了德国、挪威、日本等国的综合观测研究站。在新奥尔松考察期间，我非常希望中国在不远的将来也可以在此地建立一个自己的观测站。终于，在近8年后，黄河站落户新奥尔松，有了我国科研工作者自己的“据点”。在新奥尔松期间记忆最深刻的还有到达当晚在德国站聚会的情景。台站的人员其实很寂寞，见到有众多的访问者（主要为研究生，大约20多人，大部分来自北欧国家），很兴奋。他们在雪地上挖了一个吧台，把各类啤酒直接插入雪中，招呼大家喝啤酒、聊天。研究生们见有免费的啤酒，也很兴奋。那是一个非常热闹的聚会。

【中国北极黄河站】

中国北极黄河站，位于北纬78度55分、东经11度56分的斯瓦尔巴群岛中斯匹次卑尔根岛（挪威）的新奥尔松地区，是中国依据《斯瓦尔巴条约》1925年缔约国地位而建立的首个北极科考站，建成于2004年7月28日。中国北极黄河站是中国继南极长城站、中山站两站后的第三座极地科考站，中国也成为第8个在挪威的斯匹次卑尔根岛建立北极科考站的国家。最值得称道的是，北极黄河站拥有全球极地科考中规模最大的空间物理观测点。

（来源于国家海洋局极地考察办公室网站）

六 路途的温暖与寒冷

1月31日，我们再一次回到了泰山站，停留几天之后，于2月3日继续出发。连日来，我几乎每天都工作15个小时以上，继续进行常规观测并采集雪样，晚上太阳已经下沉，在雪面上投下长长的余晖，波光粼粼，雪粒也熠熠生辉。目前一切顺利，海拔已经降到2740米，明显感觉到气温升高，逐渐“暖和”了。太阳由东边的地平线升起到北边，然后又降到西边的地平线，紧紧贴着地平线移到南部。天气晴朗的日子，万里无云。我坐在驾驶位置上晒太阳，温暖舒适，车内温度比较高，都不用开空调了。在生活舱内，队员们甚至都穿起了短袖。

■ 温暖的生活舱

在飞鹰（Eagle）营地雪坑采样，出奇的顺利。队友王焘先帮我们用雪地车挖好2米多的雪坑，我和晓鹏、思宇用3个半小时便完成了2米雪坑的采样。下午天气很“暖和”，采样中居然微微出汗。实际上气温还在零下20摄氏度，胡子上仍然结满了冰，皮帽上结满了霜。只是雪坑中无风，又有下午的阳光照射，干活出力，才感到“温暖”。晚饭后又整理集装箱，把已经装好样品的保温箱放入集装箱。下午雪坑采集3箱样品，近几天每天采样一箱，全部归拢。

然而路途中并非总是如此温暖幸福。大风变急的时候，估计有6～7级。2月3日我们离开泰山站继续出发，风雪弥漫，能见度极差。尽管有GPS定位，但仍需要目视寻找辨认方向。迎着风，打开车门都觉得费劲。虽然气温只有零下20多摄氏度，但强劲的风挟裹着雪粒，猛烈撞击着任何阻挡它们的物体。下车工作时，强风快速带走体温，非常的冷，感觉像是又回到了昆仑站！大风刮起的雪粒扑打在脸上，由疼痛到麻木，墨镜夹片和眼镜之间聚集了积雪，阻挡了视线，很快就什么都看不清了。戴着薄手套测量花杆和采样，觉得瞬间双手冻得麻木。实际上，几分钟手指就已经冻得麻木，十几分钟后，手指失去了知觉。采样时间即便只有短短的10分钟，回到车内，双手由麻木变得疼痛，然后发痒。反反复复，每隔10千米采样，受尽风雪的残酷“折磨”。时常刮起暴风雪，自动气象站大部分已经被雪掩埋，只剩下最上部的一层，包括雪深仪和风速仪。下部的两层传感器肯定是无法工作了。极地的仪器损耗率很大，而泰山站附近是风吹雪的积累区，如果不及时维护，则难以保证数据的获取。

■ 风雪弥漫中的泰山站

■ 被风吹雪掩埋的气象站

【雪的分类】

雪的分类是通过对积雪的雪层剖面进行层位划分或者对整个积雪区进行类型划分。雪层剖面的层位划分依据的是雪颗粒和雪层的微观结构、形态特征和物理参数，指标较多，划分的类型也多。如根据雪颗粒特征可分为新雪、老雪、粗颗粒雪、细颗粒雪、深霜，等等；根据颜色可分为洁净雪、污化雪，等等；根据密度、硬度、含水率、温度等也可划分出多种类型。依据积雪成因及其所在地理环境等对积雪区进行分类，如冻原积雪、针叶林积雪、高山积雪、草原积雪、海洋积雪和瞬时积雪等。

（来源于《冰冻圈科学辞典》）

七　除夕夜，怀念我的父亲

农历大年三十，除夕！

今天行程60余千米。大部队下午1点半扎营。我们在路途上观测采样耽搁了一些时间，下午4点半才到营地。第一次拉雪橇的钢丝绳断了，修理了半个小时；然后是水温过高，停车等待，后来水温恢复了正常才继续前行。傍晚看到几个人裸身在雪地上拍照留念，我不由得感慨年轻真好！晚餐加了几个菜，有生鱼片、海参、扇贝、清炖鱼等。大家举杯痛饮，算是除夕之夜的欢乐。

■ 除夕夜的晚餐

借着酒意，欢乐中一丝悲意涌来。自从前年父亲去世（母亲于2004年8月去世，我当时在新西兰Tasman冰川钻取冰芯），我便成了“孤儿”。除夕团圆，只能去父母的坟头上烧纸。回想每年除夕和父亲在一起的日子，历历在目。在父亲去世两年前，他已经大部分时间不认识我，但我“认识”他足矣。

■ 在除夕继续工作

往年大年三十，我常开车带父亲去他熟悉的地方，如他授课30年的小学、他赶集的地方、他劳作的农地。我很高兴父亲在不“认识”我的状态下仍然不厌其烦地给我介绍所有的情况。父亲总是在夕阳下告诉我很多回忆，如张三的房子维修了，李四的院墙变成了砖墙，原来的坡地变成了梯田，泥土路变成了水泥路。父亲一生的足迹大部分被淹没在弯曲的水泥路里。这些路我也曾走过，中学时我背着竹篮，装着供给一周的食物，独自行走在路上，黄土高坡的这些山路需要步行几个小时。如今，不管是小轿车、小四轮，还是摩托车，脚下油门一踩，可以在黄土高坡尽情地奔驰，很快便走遍父亲一生的足迹。我摸摸胸口，想想该知足了。

“亲人已逝，独我流浪”！

八 路程的“小烦恼”

2月5日，大年初一，开门大吉。今天行程100千米，连续工作14个小时。上午有三成云量，漂浮在天际线上。大风如常，约6级，气温还是零下20多摄氏度。雪粒被劲风挟裹着在近地面飞奔，仅仅几分钟，车辙上便形成一溜溜的小雪垄。我们的工作总体上顺利，但一些小烦恼却随着新年接踵而至。

路段特别颠簸。我们行进的方向是北偏西，所有的雪垄为东南向，一道道大大小小的雪垄如同拦路虎，雪地车接连翻越雪垄，如轮船穿越巨浪区，起起伏伏。下坡时履带后方会翘起来，然后再重重地砸在低洼处，车内的人觉得如同弹力球被抛起又落下。住舱内一片“狼藉”，我的床垫、床单和被子有一半落地，书和衣服也洒落在地上。化雪桶内的水洒到地面，又重新结冰。

■ 南极冰原

■ 依旧颠簸不平的冰面

2 月 6 日，行程 81 千米，连续工作 13 个小时。全天还是大风天气，约 4 级。目前昆仑队和泰山队在一起行进。车辆多，人员多。车辆随时会出故障，修车、

■ 雪地车加油

中午加油等比原来需要的时间增多，因此大部队行进速度较慢。下午我们冰川组的雪地车水温报警，指示水温超过 120 摄氏度，我们这些只会开车不懂机械的人不知所措，赶忙用对讲机咨询机械师队友。老沈和王焘返回帮我们检查，初步判断是传感器的问题，发动机和水温没有问题。我们于是继续前进，伴随着一路的水温报警。

我们测量花杆的工作基本顺利。唯一的麻烦是花杆的 GPS 点没有更新，而花杆会随着冰川移动，不同的区域每年移动的距离存在差异，从几十厘米到几十米不等。如果在原 GPS 点看不到花杆，我们需要在原地周围上百米的区域寻找。花杆上套有易拉罐，其反光便于发现目标。花杆越高、越容易被发现。最困难的莫过于很低的花杆（因为雪不断积累，花杆会越来越“矮”），很难找到，特别是在雪面起伏不平、雪垄大量分布的区域。每天在找花杆上会花费很多时间。为了便于以后测量花杆，我们在高度不足 1.2 米的花杆旁添加了一个 3 米多的花杆。2 月 7 日下午，陆续发现许多花杆丢失或被埋没，我们又补充了很多新花杆。该路段雪积累较多，每年大约半米深。全天是下坡，海拔降低到 1390 米，明天是冰盖考察行程中的最后一天，计划到达中山站，直达海平面。

■ 寻找花杆

【花杆】

花杆是指在冰川用于观测冰川表面变化的测杆，是观测冰川物质平衡最为直接的方法。花杆材质在我国冰川区一般为竹竿，也有 PVC、PPR 等塑料，以及铝合金等金属材质。花杆上漆有刻度，便于识别和读数，测杆长度为 2~3 米，垂直插入冰内。花杆需要及时更新轮换，尤其是在消融比较强烈的地区，冰川消融强烈会导致花杆倾倒。花杆一般通过手摇冰钻或者蒸汽钻开孔后插入。

（修改自《冰川学导论》）

九　南极白化天

2 月 8 日，在结束南极冰盖考察的最后一天，有“幸”遇到了白化天。

昨晚乌云压境，半夜风速加大，飘起了雪花，能见度已经降低。早上 6 点起床，7 点出发（每天比大部队早出发 1 个小时），能见度大约几十米。开始时随着 GPS 线路行进，但很快 GPS 就失去卫星信号。下车重新启动 GPS，终于有信号了，但不稳定。慢慢开车沿 GPS 线路行走，但 GPS 反应慢，雪地车一会儿偏左，一会儿偏右。开车失去了方向感，时常无所适从。

9 点多，大部队赶上并越过我们，有车辙了，可以结合 GPS 线路行进。很快，10 辆雪地车碾雪而去，不见踪影。天气越来越差，能见度只有几米。我无法看清前面的车辙，打开侧面的车窗，也只能看见 2 米之内的车辙印。顺着隐隐约约的履带足迹，向前行驶。白色笼罩着四野，不分天地。如果说漆黑一片时，伸手不见五指，白化天则是雪白一片，抬头不见天地。如果说掉入黑暗的深渊会带来恐惧，白化天也让我一阵阵的心悸。雪地车仍然以每小时 12 千米的速度前进，但我却完全失去了方向感，潜意识中感觉车子前面便是深渊，我随着车子滑向深渊；间或感觉前面是一堵厚重的白色雪墙，我们正在撞向墙面；又感觉前面是一个旋转的轮盘，我们在围绕轮盘转圈。渐渐地感觉头晕、眼花。好在每隔 2 千米要补充测量花杆，一般在行进的右侧上风口作业，可以略微休息一下眼睛。然而走在雪面上，也是看不清地表的起伏，深一脚、浅一脚，如同暗夜中行走。每次作业完毕，重新寻找前面的车辙，感觉是在朝左方打方向盘，查看 GPS，车子却还在向右行驶。有次找到车辙，行走间看看 GPS，却发现方向完全走反了。在白化天时看不到任何标志物，完全没有方向感。只记得主风向是东南风，这是唯一的小稻草。

回想起 1993 年 5 月在唐古拉山垭口附近的小冬克玛底冰川上遇到了大风暴雪天气（如同白化天）的经历，当时也是天地一片白茫茫，周围大大小小的山头和冰川上的花杆全部“消失”，隐身于白色世界中。我们的营地在冰川末端的左方，我一次次提醒自己，朝左走，回到营地。可是，半个小时后我居然走到了冰川的右侧，重新爬上冰川，等天气好转后才辨清方向，回到营地。在白化天，如果没有 GPS，我们就像“盲人”，寸步难行。

■ 雪雾笼罩的冰川

午后，能见度增大，可以透过雪地车前窗看到前方的车辙。风速逐渐减小，天空中飘起雪花。地上是厚厚的松软的新雪，车子不算太颠。下午考察队到达距离中山站 30 千米处，然后把所有的雪冰样品留在此处（该地点正在筹建冰盖机场），主要是担心中山站附近的出发基地气温太高，即使还是在 0 摄氏度以下，也会对冰芯样品有影响。等“雪龙”号抵达中山站后，我们再将样品取回。

【白化天】

白化天，即白化天气（whiteout），是极地的一种特殊的极端天气条件。暴风雪、降雪和浓雾都有可能导致白化天的产生。在极地低温和冷空气的特殊作用下，降雪、被风吹起或低空云层中的冰晶，阻挡和散射阳光，从而产生一种令人眼花缭乱的乳白色光线，形成白蒙蒙雾漫漫的乳白天空。人的视线会产生错觉，分不清近景和远景，也分不清景物的大小。在这种严酷的条件下，行人辨别位置和运动的能力可能会下降，甚至失去平衡，降低整体操作能力。

（修改自维基百科）

十　回到网络时代和彩色世界

2月3日行程约100千米，连续工作13个小时，晚上8点半到达出发基地，魏福海（副领队）来迎接内陆队，随后所有队员前往中山站，晚上10点多到达。在生活舱中住了50天，颇有一丝不舍。中山站敲锣打鼓欢迎，中山站和内陆队所有队员们互相拥抱、问候，场面非常热烈！

■ 车队抵达海边的出发基地

到达中山站的第一感觉是“热”，尽管中山站这几天还在下雪。我们今天早上所在的地方还是零下12摄氏度，之后一路“下山”，海拔骤降1300多米，到达中山站时气温已经升高到零下 4 摄氏度。队员们换上了短袖衫，我也赶紧脱掉连体羽绒服，尽情体验南极的“夏天”。

自从 12 月 17 日离开中山站，与现代网络信息“隔绝”近两个月，临近中山站时，不少人开始在生活舱大喊大叫大笑。考察临近结束，我对此非常理解，大声喊叫或许是一种释放压力的方式。回到了网络时代，则要开始遭受网络信息的海量冲击。新春佳节，各类祝福“满天飞”，红包雨下个不停！电子邮件、微信等一大堆信息瞬间涌入。我尽量挑选和处理重要的事务。发信息，报平安！量体重，和国内出发时相差 9 公斤。内陆考察，体能消耗确实比较大。

中山站周边变化很大，我们 12 月离开时，海冰还覆盖着站区周围的峡湾，海冰边界距离中山站 40 千米。现在，峡湾已经解冻，开阔的海面接近台站。听站上的人讲，上周熊猫码头周围还是海水，但春节期间降温，海冰有所增加，熊猫码头重新被海冰占据。原来冻结在中山站西南侧的巨大冰山已经飘走，但周边仍然有几个较小的冰山。

■ 中山站熊猫码头

■ 中山站附近开阔的海面

50 天的冰盖内陆生活，所有的景致几乎一致，不是白雪蓝天，便是风雪世界，变幻的仅仅是形态各异的雪垄。在中山站，看到了陆地和大海、基岩和碎石、飞鸟和企鹅，看到了自然界的更多组合。看着这丰富的色彩、多姿的造型、活泼的动物，我感觉又回到了正常的世界。一个落单的阿德利小企鹅穿过中山站，还有一个成年的阿德利企鹅在俄罗斯的进步站旧址上闲逛，看着让人感到很兴奋。它们才是南极真正的主人，而我们人类仅仅是过客而已。

“雪龙”号今早到达中山站，停泊在数千米之外。天气比较好，全天直升机忙忙碌碌地吊挂燃油。希望我们的科考样品和物资能够尽快吊挂上船。中山站（南纬 70 度）的极昼已经结束，晚上 10 点多太阳从地平线沉没。天空中布满了通红的彩云。午夜，则是如同晨曦般的景致，近处的冰山泛着淡淡的白光，黛色的大海、天上明暗相间的云层，路灯释放着暗淡的光线，一片祥和的清晨景色。

■ 直升机从“雪龙”号起飞

十一　离开中山站

2019年2月11日，早上起床晚，中午又接着睡，感觉有点放松，长睡不醒。计划明天上船，傍晚又在中山站周边走了一圈，算是告别。

■ 中山站“夏季广场”的“中山石”

12月离开中山站去内陆考察时，熊猫码头周边是冻得结结实实的海冰，而现在布满了大大小小的浮冰（海冰）。当时有一些海豹在周边休憩，今天却遇到了一只帝企鹅，中等个头，独自在码头西侧的雪地上睡觉。人略微靠近，便站起来向前走走，然后继续趴在地上休息。去了六角楼和开心岭。六角楼下只有一只小阿德利企鹅窝在石头上休息，但开心岭上有三只阿德利小企鹅，静静地站立着、闭着眼休憩。据队友讲，开心岭上是一个阿德利企鹅家族的休憩地。但在去年 12 月没有任何企鹅孵卵，只是临时的休息场所。

■ 中山站附近的帝企鹅

■ 开心岭上的阿德利企鹅

天鹅岭上的大气成分观测包括二氧化碳、甲烷等温室气体，以及臭氧、黑碳等。大流量气溶胶采样器正在采集样品。四分量辐射仪则关注地表能量交换。去了内拉湾，查看海冰观测仪器，但因为海面都是浮冰，此时尚未观测，只有海面完全冻结后才开始观测，包括涡动相关仪、二氧化碳、水汽通量及三维风速仪等先进的仪器，可以获得海 – 冰 – 气界面的能量传输和交换数据，用于研究海冰形成和融化过程中的变化机理。

中山站西侧的莫愁湖湖水荡漾，给中山站提供了宝贵的淡水资源。积雪融水进入湖泊，只是湖的储水量略小，补给区只有大约几平方千米。目前周边坡地上的积雪基本化完。“雪龙”号就停在中山站 6 千米之外的海面，由于中间有一个大冰山，在中山站无法看清。

第五部分

重回“雪龙”，28天漫长的海上旅程

我们朝北航行，与涌浪的方向近乎平行，于是船左右摇摆。最严重的倾角接近15度，好在左右摇摆带来的不适要小于前后晃动。午后的大海呈深蓝色，平缓但又“深邃”的涌浪，不断地与船体撞击。站在8楼的船顶向后望去，“雪龙”号如同深秋的一片落叶，在微风荡漾的海面，不紧不慢地轻轻摇摆，温柔而坚毅！

一　登船回家

2月12日上午整理个人行李，然后搬运到度夏宿舍楼下。下午1点乘海豚直升机飞行2～3分钟便到达“雪龙”号。

正式开始船上的生活，我的房间门框上贴着红对联，门上贴着福字。2楼的餐厅也悬挂着红灯笼和中国结，有点过年的味道。下午和队友们搬运个人行李和公用物品，船上风大，穿的较少，晚上感到头隐隐作痛，但还是加班工作。回到中山站，接收到2000多封邮件，至少一半的邮件要认真查看，处理邮件的工作量巨大。过去几天抽空才处理了300多封，包括项目、审稿、实验室和研究生等的各类事务。

■ 驶离中山站海域

傍晚“雪龙”号驶离中山站海域，向北行驶约40千米。一离开中山站的峡湾，风浪逐渐加大。此刻，“雪龙”号在约3米的浪区停泊，周边乌云密布，船体颠簸剧烈。两个多月的陆上生活，严寒伴随着每一天，以后就是“颠簸”伴随每一天了。

2月13日上午，考察队领导们查看天气预报和未来的“雪龙”号航行路线，目前在回程路线上有两个气旋由西向东移动，大风巨浪。大家从三个方案中选择，决定15号后不再等待，向北前进，穿越两个气旋的空隙，在西风带再择机行动。

下午我们所有的雪冰样品和其他的科考物资由出发基地吊运到船上。所有科考队员齐心协力，搬运、规整、装箱。我们总计56箱雪冰样品妥善地放入冷藏箱，转运任务完成。从内陆回来，感觉很有气力，两个人可以轻松抬起几十公斤重的箱子。但冰芯钻机系统实在太重，有些箱子我们四个人抬都很费劲，咬咬牙才能挪动几步。装货完毕，腰酸背痛，很是疲惫。

■ 在“雪龙”号上遥望冰盖

晚上，在峡湾的“雪龙”号上欣赏到了美丽的晚霞。先是彤红的云彩布满了西边，落日的余晖给冰山涂上了金色，霞光映红了冰盖，夕阳在海面上拉出长长的身影，波光辉映。中山站周边的小山丘在夕阳的背影中越发黝黑。朝东北方望去，暗红色的云彩、粉红色的冰山，远远地延伸到天际。天色逐渐暗下来了，但西部的云和地平线之间，长长的一条淡黄的彩带，静静地等待着数小时后太阳再次跃出地平线。船在港湾内轻轻地荡漾，难得的平静。此时还可享受这种静谧，接下来就要迎接西风带肆虐的天气了。

■ 中山站的晚霞

二　作别南极越冬队员

2 月 14 日，一阵狂风后风速减小，考察队领导们乘坐海豚直升机到中山站告别。

极昼已经结束，夜晚的时间将越来越长，直到极夜的到来。极夜是无边无际的长夜，如果没有坚忍不拔的精神和良好的心态，将是一段非常折磨人的时间。中山站目前留守 19 名越冬队员，将坚守到年底 12 月撤离。越冬工作十分艰苦，队员们从 11 月离开国内，再次回到国内将是第三年的 1 月或 4 月。将近一年半的时间离开家人和朋友，对队员们的心理是一个极大的考验。越冬队员分为后勤保障和科研两类，后期保障主要是水电供给、机械、垃圾处理、食物、医疗等日常生活维护和保障；科研人员主要执行气象、大气化学、海冰、高空物理、地磁和固体潮汐波等的监测。

越冬队员中有我们昆仑队的队友方正。我们不断地握手祝福，直到拥抱告别。他是一个尽职尽责的机械师，诚恳而乐于助人。回程中每天晚上不管我们多迟到达营地，他都等着给我们的车辆加油，让我很感动。我知道他一直牵挂着儿子的学习，不能面对面地与儿子交谈和随时沟通，是他最大的遗憾。

送别，是相对悲伤的时刻。我给越冬队员的建议是每个人树立一个小目标，让自己的生活充实和快乐起来。我举了一个例子，二十世纪斯科特带领考察队到达了南极点，而之前考察队在越冬的时间主要是看书和讨论，他们的船上一半是物质食粮，另一半是精神食粮（各类书籍和影像）。在冬季，每个人介绍自己的专业知识，用科普的语言和队友们交流。

一切为了南极的事业！

与中山站越冬队员告别后，海豚直升机从中山站起飞，先到冰盖的出发基地绕行一圈。下午三点，“雪龙”号与中山站告别，鸣笛出发。雪鹰 601 今晚将运送最后一批离开中山站的队员去澳大利亚的凯西站，随后队员由凯西站飞往澳大利亚，再飞往中国，而“雪鹰”号将途经南极半岛、南美的智利，再到北美的加拿大停歇地。一路风浪较小，晚霞一如昨晚的绚丽，在地平线长久停留着。

■ 出发时的晚霞

三　穿越“西风咆哮带”

本次考察，四次穿越西风带、海冰作业、直升机运输的天气预报服务依靠气象服务和保障团队（汪雷、姚宇、孟上）完成，工作很出色。他们为“雪龙”号提供及时的气象和海况预报信息，指导“雪龙”号多次避开了恶劣的天气。就像本次穿越西风带，从2月14日到24日的11天中，遇到了4个气旋和1个高风速梯度场。“雪龙”号要么躲避风浪，要么穿越两个气旋的中间区域，从而避免了狂风巨浪给考察队队员们带来的不适，为气象保障团队和“雪龙”号的成员们点赞！

2月15日，“雪龙”号一路朝北，已经离开中山站700多千米，进入东六区时间（比国内早两个小时）。晚饭后，风速加大，涌浪达到3米。雪花在大风中飞舞，船的起重机和甲板上银装素裹。窗外漆黑一片，一个大浪居然扑到我的窗户上，这里可是5楼左舷。一部分队员已经感受到晕船的痛苦。

■ 咆哮西风带的海浪

2月16日，天气较好，风小（4 ~ 5级），但涌浪还是3 ~ 5.5米。船体晃动中对着电脑工作还是觉得有点晕，一半的时间在床上看书。“雪龙”号转向朝西行驶。目前在我们北方（西风带）有两个气旋在活动。如果“雪龙”号一路朝北，将进入东侧的气旋，遭遇大风和巨浪。向西行驶，再择机朝北，从两个气旋的中间穿过，可以避开恶劣的天气和海况。

“雪龙”号已经行进在南纬62度附近，昨天还随处可见冰山，现在已经是万里碧海。开阔的海面呈墨绿色，一个个的涌浪接连不断地拍向“雪龙”号，推起船头，又让它重重落下。傍晚8点，太阳接近水面，几分钟后便迅速沉没，但太阳的余光染红了西边的云彩。高空风把云朵塑造成不同的形状，有螺旋状的积雨云、长条形的豆荚云、絮状的层云，层层叠叠，辉映着不同的色彩。由淡红色到淡黄色，然后逐渐变为灰色，最后变成厚重的乌云。东边的月亮一会儿露出白色的轮廓，一会儿又掩映在云层中。好久未见到满月了，离开极昼，月亮将变得越来越规律和明亮。

■ 晚霞

■ “雪龙”号行驶在海面上

本来想查看明天的气象和海况预报，正遇到气象室的队友们在看春晚。高兴地加入观众的行列，欣赏春晚的小品和舞蹈，直到此刻，才感觉到了过年的“味道”。从冰盖到中山站，一路加班加点、忙忙碌碌，没有任何过年的氛围。如同一个记者所写，“有一种过年，叫在冰盖上穿行”。这是一生中值得记忆的一个新年。

2月18日，多云，气温零摄氏度上下。风力4 ~ 5级，涌浪还是3.0 ~ 3.5米。“雪龙”号已经驶离中山站1600千米，抵达南纬56.6度。昨晚一直到今天全天，船体都在左右摇晃。昨晚一直是无眠状态。躺着睡，时间长了背痛，侧着睡，左右翻滚，就像有人时时刻刻在推动你的身子，无法入睡。下午更是“玄乎”，船体左右晃动的幅度越来越大。在船内穿行，必须要抓住护栏或扶着墙。队友们就像企鹅行走，左右摇摆，颤颤巍巍，步履蹒跚。有一阵子，船体侧倾的角度太大（据船员说超过10度），只听到周围一片撞击的嘈杂声。桌上的水杯和一些小物件滑到地上，冰箱中的饮料来回乱窜。我出门一看，5楼会议室的椅子已倒翻在地。这就是“咆哮西风带”！

2月19日，“雪龙”号已经到达南纬51度，离开中山站2000多千米，气温逐渐升高到零摄氏度以上。主导风向为西风，我们朝北航行，与涌浪的方向近乎平行，这就是船左右摇摆的原因。最严重的倾角接近15度，好在左右摇摆带来的不适要小于前后晃动。午后的大海呈深蓝色，平缓但又“深邃”的涌浪，不断地与船体撞击。

傍晚，云层仍然厚重，没有精彩的落日。

2 月 20 日晚上，船左右摇晃的幅度很大，半夜衣柜的门不停地打开又关闭。桌上的水杯、书籍撒落一地。左右晃动的唯一好处是头不晕，可以坚持工作，但由于晃动剧烈而无法正常睡觉，风力不强但涌浪又回到 3.5 米。站在 8 楼的船顶向后望去，“雪龙”号如同深秋的一片落叶，在微风荡漾的海面，不紧不慢地轻轻摇摆，温柔而坚毅！

【西风带】

西风带，又称盛行西风带，是中纬度地区（南北半球 35 度至 65 度之间）自西向东吹的盛行风，由亚热带高压带的高压区域吹向极地区域。北半球的西风带主要吹西南风，南半球则主要吹西北风。当半球处于冬季且极地附近的气压较低时，西风带最强；而当半球处于夏季且极地附近的气压较高时，西风带最弱。南半球的中纬度地区少有可导致西风减速的陆地，因此盛行西风格外强。西风带中存在着各类温带气旋和反气旋。由于西风的增加，越过亚热带高压脊线进入西风带的热带气旋会转向，并可能发生温带变性。盛行西风还把温暖的赤道水和空气带到中纬度大陆的西海岸，对当地气候特征起着重要作用。

（修改自《现代地理科学词典》）

【南大洋气旋】

南大洋气旋，是指活跃在南半球中高纬度、围绕南极大陆自西向东移动为主的温带气旋，既包括中纬度西风带中活跃的气旋，也包括较高纬度靠近南极大陆的绕极气旋。南大洋气旋活动频繁，是南半球非常重要的天气系统，在南半球大气环流特别是极向热输送过程中扮演重要角色。南大洋气旋普遍能带来大范围降水、大风天气，较强的气旋过程有时会带来降雪和大风等剧烈天气，是南半球重要的灾害性天气系统，它能够给航行的船只和极地地区的考察工作带来巨大挑战。

（来源于孙虎林等，2020 年，《海洋学报》）

四　长城站 34 岁生日

2 月 20 日，从新闻媒体上看到今天是长城站 34 周岁生日。第一次南极考察最重要的任务是建设长城站。1984 年 11 月 20 日，由国家南极考察委员会和国家海洋局组织领导的中国首次南极考察队，共 591 人乘坐“向阳红 10”号船和 J121 船赴南极建站和科学考察。12 月 26 日到达南极乔治王岛便马不停蹄全员投入长城站的建设。不到两个月的时间，即 1985 年 2 月 20 日，基建结束，长城站落成，中国科学家第一次有了自己在南极的“家”。20 世纪 80 年代初期的科学家都是“寄居”在他国的考察站。事实上长城站建成的意义不仅是有了南极的第一个家，也使我国取得了《南极条约》协商国的地位，拥有了一票否决权，是我国踏入南极科研大门的敲门砖。随后我国建立了中山站、泰山站、昆仑站，以及筹建中的第五个站——位于罗斯海区的恩克斯堡岛新站。

■ 长城站

我有幸到达了我国在南极的全部 4 个站。长城站位于西南极洲南设得兰群岛乔治王岛菲尔德斯半岛南端，其地理坐标为南纬 62 度 12 分 59 秒、西经 58 度 57 分 52 秒。2016 年我随同中国科学探险协会组织的南极半岛科考队，短暂地访问了长城站，看到了现代化的建筑和多学科的观测设备。长城站的科研从地下到地上、从低层大气到高层大气，一应俱全，如地下的地震观测和地表的地质学研究、生态环境监测研究（动植物和微生物及其多样性观测、环境污染物观测）等。低层大气有气象观测与预报服务、大气边界层物理观测研究、大气化学和环境化学观测、卫星遥感数据接收与观测等。高空物理有磁层－电离层耦合观测研究等。过去 30 多年来的工作，在各方面取得了诸多成果，如气候变化、生物资源与利用技术、日地关系研究、遥感技术应用、板块运动与地质构造研究等。长城站是我国实施南极生态和环境保护的重要基地。

本次考察，从东南极冰盖边缘的中山站到泰山站，再到昆仑站，则是另一种全新的体验。泰山站和昆仑站完全处在冰盖上，只是度夏站，或者说是中转站，例如今年雪鹰 601 飞机经过泰山站到达昆仑站，随后返回泰山站加油，当天回到中山站。随着以后考察任务的增加，这两个站将发挥越来越重要的作用。

长城站建站时的环境极其恶劣，条件异常艰苦，缺少机械化设备，主要靠

■ 2016 年我在南极半岛

肩扛背驮完成。建设长城站的过程中，没有科学家和工人之分，没有领导和队员之别，大家齐心协力一起干。这种光荣的传统一直延续到今天，我们第 35 次考察队依然如此，貌似文弱的博士生、大学教授、工程师，与我们的后勤支撑人员一起干着繁重的体力活。帮厨保洁也是科考队员的一项“任务”，大家还是相当乐意的。

【长城站简介】

长城站是中国在南极的第一个科学考察站，由南极第一次科学考察队建设 1985 年 2 月 20 日正式竣工。长城站位于西南极洲南设得兰群岛乔治王岛南端，其地理坐标为南纬 62 度 12 分 59 秒、西经 58 度 57 分 52 秒，距离北京 17 502 千米。长城站所在的乔治王岛，是南极地区科学考察站分布最为密集的区域。乔治王岛是南设得兰群岛中最大的岛，面积为 1160 平方千米，分布有 9 个国家的 9 个考察站。长城站自建站以来经过四次扩建，有各种建筑 25 座，其中包括主体建筑 7 座（办公楼、宿舍楼、医务文体楼、气象楼、通讯楼、科研楼）以及若干科学用房和后勤用房。目前，长城站站区南北长 2 千米，东西宽 1.26 千米，占地面积 2.52 平方千米。夏季可容纳 60 人，冬季可供大约 20 人越冬考察。

（资料修改自国家海洋局极地科学考察办公室）

五　极地科学家鄂栋臣教授逝世

2月21日，朋友圈发布消息：极地测绘与遥感信息科学研究领域的开创者和学术带头人鄂栋臣教授因病去世，同时又看到一篇采访鄂教授的文章，描述了鄂教授当年第一次（1984年）到达南极半岛建设长城站的艰辛，以及后来多年在南、北极测绘战线上的持续奋斗（7次南极考察和4次北极考察）。有几件事比较醒目，一是每个人参加南极考察，需要家属签署所谓的“生死状”，他妻子比较犹豫，但鄂教授自己签名，同时标注“我的生死，由我自己全权负责。”有担当！二是晕船，相较于今天的“雪龙”号（约3万吨级别），1984年的“向阳红10”号是一个小吨位船，没有破冰能力，没有船上和国内及时的天气预报支持。在经过南美南端乌斯怀亚到南设得兰群岛之间的德雷克海峡时，遭遇了强风暴。船体强烈地颠簸晃动，队员们翻江倒海地呕吐，遭遇了严重的晕船折磨。

■ 穿越德雷克海峡的国际船只

事实上，2016年我们在穿越德雷克海峡时，大部分队员也都晕船躺下了，我的同屋队友几乎两天没有吃饭，动辄便冲向厕所呕吐。今天我们在西风带的经历确实是小巫见大巫，根本算不上“难受”。这次穿越西风带，一直是按照天气预报选择路线和时间。我们选择在两个气旋之间穿行，东侧的气旋正在东移，我们在其尾部穿越，而西侧的气旋在我们的路线后方扫过。想想30年前没有及时的天气预报，特别容易撞入气旋中，经受大风大浪的折磨。

■ 南极半岛静谧的利马尔水道

【鄂栋臣教授】

鄂栋臣，1939年7月出生于江西省。武汉大学教授，博士生导师，国际欧亚科学院院士，有“南极测绘之父”之称。因病医治无效，于2019年2月逝世，享年80岁。鄂栋臣教授从1984年参加中国首次南极考察，他十一次远赴南北极考察，历任考察队党支部副书记、测绘班班长、考察队副队长等职，两次荣立国家南极考察二等功，是全国唯一一位同时参加过中国南北两极建站工程和首次北冰洋考察的科学工作者。他是中国第一幅南极地图——长城站地形图的测绘者；也是中国第一个南极地名——长城湾的命名者，主持命名了 350 多条中国南极地名，填补了南极无中国命名地名的空白。他主持了 20 多项南北极测绘重点攻关项目，1998 年 12 月获得国家科技进步二等奖，2002 年 10 月获得何梁何利基金地球科学与技术进步奖。1986 年 5 月获得全国“五一”劳动奖章和“全国优秀科技工作者”称号，1989 年 9 月获得“全国先进工作者”称号。

（资料修改自新华网）

六　进入夏天的世界

2月22日，“雪龙”号以15节左右的“高速”航行，午夜已经到达南纬37度多，距离中山站3600千米，位置差不多在澳大利亚的西部海域，气温升高到15摄氏度以上。傍晚已经接触到一个气旋的东侧，能见度降低，风速达到15米/秒（西北风）。此刻窗外风雨交加，无法在甲板上溜达。我们算是顺利通过了“咆哮西风带”（南纬60～45度），尽管摇摇晃晃，睡眠质量不好，但未出现头晕恶心等严重不良的反应。主要得益于天气预报及时准确，引导“雪龙”号避开飓风大浪区。船上的人员精神状态良好。接近低纬度地区，“南极服”（厚重的企鹅服）已经上交，准备在亚热带海洋度夏了。

2月23日，“雪龙”号已经到达南纬32度，全天风雨交加。晚上船的晃动加剧，阵风达到9级，浪花的飞沫可以撞击到5楼的窗户。涌浪3米多，船员告诉我，风大可以压制涌浪，不知是否正确。时不时船体撞击浪头，传出“砰砰”之声。船朝向东北，转向印度尼西亚的方向，气温已经升到20摄氏度以上。希望能尽快看到赤道附近的热带风光。晚上开始了上船以来的第一次锻炼。尽管船体前后左右晃动，但抓着跑步机的手柄，安全倒是没有问题。在跑步机上一边挥汗如雨，一边看着窗外大风掠过、船体撞击涌浪而泛起白色的浪花，确实惬意。健身房的音响不错，流行歌曲回荡在四周，队友们有的练肌肉，有的蹬车轮，还有的划着皮划艇等，为船上的单调生活增添了活力。

2月24日，“雪龙”号已经到达南纬27度，云层减少，天气逐渐好转。气温已经升到25摄氏度以上，站在甲板上，感觉暖风拂面。“雪龙”号仍然朝向西北全速行驶，风浪减小，船行相对前几天平稳多了。进入东七区（比国内晚一个小时），接近热带区域，马上可以体验到夏季的风光了。

2月25日，全天天气极佳！天高云淡，风速3～4级，气温达到26摄氏度。大海呈现深蓝色，平稳的海面上只有“雪龙”号撞击出浪花，犁出一道道波纹。四野宁静，景色宜人，但我们似乎到达了荒蛮之地，蓝天中无任何飞鸟，洋面安详，偶然有小小的飞鱼在海面跳跃。几个队员一直站在船头等待，想抓几个镜头，不知结果如何。晚霞依然壮观，西边一条云带，被夕阳染成了金黄色。除了西方，四周的大海失去了光泽，但其上是一条蔚蓝的色带，再上部是红黄的色彩。神奇的海天风光。午夜，“雪龙”号到达南纬23度的印度洋洋面，进入热带地区。但由于海洋的调节作用，气温并不是太高，没有酷暑的感觉。

七　中山站 30 岁生日

2 月 26 日，今天是中山站 30 岁生日！尽管离开中山站半月有余，但用集装箱组装的老旧的生活楼、标记着“祖国你好”的二层老发电楼、绘制了京剧脸谱的油罐、北山的六角楼、“夏季广场”上的中山石以及气象和大气化学观测场、固体潮观测室、地震地磁绝对值观测室等，一直萦绕在我脑海，特别是六角楼下那只孤独的阿德利企鹅。前辈们奋斗的印迹是如此的鲜明，他们吃苦耐劳、忍受孤单寂寞，书写了精彩的人生。

■ 中山站全貌

1989年中山站建站时还没有“雪龙”号，使用的是从国外购进并改装的“极地”号，没有破冰能力。“极地”号离开以后，越冬队员持续战斗，完成了后续台站建设工作。

1989年的今天，中山站正式建成使用，并于当年开始越冬观测。当我2018年12月在站区参观时，看到了早期用集装箱拼接的科研和生活场所，再看看今天现代化的中山站，不但感受到了站区基础建设的大发展，而且体会到了科学研究的“高、大、上”。中山站已经成为我国进入东南极冰盖的门户，不但自身承担着大量的科研任务，而且成为冰盖考察的坚强后盾和基石。

30年来，中山站的科研由国际合作发展到自主开展。目前中山站的定位观测不仅有涉及大气的气象、大气化学、中高层大气物理，还有研究重力、地磁、潮汐、海冰等观测，而且大部分为自动观测。今年激光雷达安装成功，可以观测大气的高度到达100千米，即中高层大气的三维风速、温度等数据，这都是非常先进的仪器。

八　钓鱿鱼和防海盗

2月26日，傍晚手机有了信号，移动公司直接在船上装了信号塔，但只能在甲板上接收信号。有了手机信号，队员们在甲板上打电话聊天，一片祥和与幸福。

2月28日，“雪龙”号停泊一天。即将结束考察，“雪龙”号将进行简单的维护，水手们清洗缆绳、刷油漆、整理物资等。天气如同昨天，风速不小但云量较少，午后的太阳很明亮。气温升到27摄氏度，感到了夏季的气息。晚上逐字逐句讨论第35次科考队的总结报告，忙到了10点。

听说有人在钓鱼，我于是去一楼甲板上观看。据说晚上打开灯光，鱿鱼会聚向灯光，然后用专门的鱼钩可以捞上鱿鱼。但今晚大家运气不佳，没有鱿鱼上钩，队友们说钓不上鱿鱼是因为涌浪太大。

午夜，“雪龙”号全速朝着东北方向航行，地图上印度尼西亚隔海相望。风速达到14米/秒，离开中山站已经6500余千米，距离上海还有5400多千米，队友们已经急不可待地想回家了。虽离开北京100多天，但自从能够上网，感觉已经开始了国内“紧张”的生活。

3月1日，“雪龙”号全速行驶，到达南纬7度附近。气温到达28摄氏度。中午在甲板上感觉到闷热，下午和傍晚下雨，闷热渐消。风力3～4级，涌浪1米多，船行相对平稳。接近印度尼西亚，下午船长开会，部署了“防海盗”巡逻。队员分成几个组，每组两个小时，分别在前甲板和后甲板巡视，防止“海盗”登船。据说这一海域很少有真正的海盗出没（如索马里海盗），主要是防止一些偷窃行为，之前有一次小偷爬上了“雪龙”号偷缆绳。

■ 开会布置“防海盗”巡逻

九 归途见闻

2月20日凌晨两点半，“雪龙”号到达了凯尔盖朗群岛（法属）的东侧（南纬49度，距中山站2200余千米），目的是避风。平静的海面，船体几乎没有任何晃动。这是离开南极大陆后在航行中遇见的第一个陆地。

查阅资料得知，由于该岛位于南纬高纬区，接近南极洲，正处于西风带，南极环流越过岛的周围，环境恶劣，气候严寒。内地有雪原，多冰川和冰山湖，近海多沼泽，空气湿润，多风暴。岛上基本都是荒芜的土地，附近海域常有冰山出没。咆哮的西风掀起巨浪达10~15米，有时甚至可达20米。风浪、浮冰常使一些船只覆没，去者可说是九死一生。侥幸登岛者也很难返航。20世纪80年代，法国南极补给船途经该岛时，曾派出一支考察队，发现岛上留有早年人与大自然搏斗的遗迹，有残垣断壁的石屋、铁锅和乐器。岛上挪威和英国合办的提炼

■ 平静的海面

海豹油的工厂遗址里，还有蒸汽机、滑轮、锯子和车床等。据说，这家工厂曾有80名工人，一直在岛上生活到20世纪初期，后来他们在一次特大自然灾害中全部丧生。也有一些人受了《鲁滨孙漂流记》的影响，希望到孤岛上体验一下“鲁滨孙”式的生活而来到“伤心岛”。1825年，英国水手约翰协同24名海员来到这里，在岛上用大刀、标枪、木棍向海象进攻，颇有收获。但在一次猎海象时，24人全部遇难，只有约翰逃生，他以海象肉充饥，以海豹皮御寒，“鲁滨孙”式地生活了4年。直到1829年，他才被一艘经过此处的帆船救下。

很遗憾，“雪龙”号只是远远地停留在主岛的西侧，无缘登岛，特别是没法看看岛上法兰西港的科研设施，以及高山区的冰川。为了避开航线西侧的第二个低压系统，“雪龙”号于晚上7点半提前出发。

■ 平静安详的海面

【凯尔盖朗群岛】

位于南印度洋上的凯尔盖朗群岛，属于法国最远的领地。主岛陆地面积6675平方千米，离非洲南端和澳大利亚西南角均约4600千米，离南极大陆则为1400千米左右。岛上多高原和山地，由火山喷发形成。主岛中的最高峰为1850米的罗斯峰。山地表面绝大部分被冰川覆盖。近海低地多湖沼，沿岸有陡峭的峡湾。气候潮湿、酷寒、多风暴。年平均气温约4摄氏度。冻土带植被有凯尔盖朗甘蓝，动物有企鹅、海豹等，矿产有褐煤。1772年法国人凯尔盖朗到达后成为法国领地。1950年在主岛的法兰西港建立了永久性基地和科研中心。岛上无常住居民，只有人数随季节变化的科学考察人员。该岛人称“伤心岛”，是因为岛上留下了不少探险家、航海家和狩猎者的尸骨。

（修改自百度百科）

3月2日上午，“雪龙”号抵达具有“千岛之国”之称的印度尼西亚，穿越巽他海峡。离开中山站，航行了20天，第一次看到工业文明（港口、穿梭的航运、高耸的烟囱、港口的吊塔），这一切熟悉而又“亲切”，看到海面上漂浮的垃圾，又感到揪心。

印度尼西亚地跨赤道，经度跨越东经96度到140度，东西长度在5500千米以上，是除中国之外领土跨度最广的亚洲国家。印度尼西亚是世界上最大的群岛国家，有17 508个大小岛屿，因其正处于环太平洋火山带，因此也是多火山多地震的国家。典型的热带雨林气候，年平均温度25 ~ 27.5摄氏度，无四季分别。很有意思的是，印度尼西亚北部受北半球季风影响，7 ~ 9月降水量丰富，南部则受南半球季风影响，12月到次年2月降水量丰富，年降水量高达1600 ~ 2200毫米。

印度尼西亚人口众多，但资源丰富，如煤炭和天然气、重金属、金刚石、生物资源（渔业、森林）、香料等。大家比较熟悉的是印度尼西亚的羽毛球队，多次在奥运会上夺冠。

我对印度尼西亚的历史很好奇，查看资料才知道原来早期的诸多岛屿上是无数个小王国或小部落，13 ~ 14世纪在爪哇岛逐渐形成较大的封建王朝满者伯夷国。此后，16世纪末成为荷兰殖民地，二战时期也受到日本的入侵。1945年独立后于1950年8月成立共和国。印度尼西亚有300多个大大小小的种族或部族，各民族语言差异大。历史上元朝曾经组织战舰进攻爪哇，后来元军力竭退师，这也反映出蒙古军确实不善于海战。

3月3日，全天在印度尼西亚海域航行，从印度尼西亚的邦加－勿里洞省东侧经过，一路朝北行驶。气温基本稳定在28.8摄氏度，风速3 ~ 4级，涌浪不到1米。该海域的水深40多米（而前天达到7000多米），是印度尼西

■ 印度尼西亚群岛

亚的内海。周边有大型的货轮同行，也有很小的渔船游荡。

晚霞很炫丽，大红和金黄色相间，一个大型货轮刚好在落日下航行，一幅生机勃勃的画面。

■ 红色与金黄相间的晚霞

凌晨两点半，“雪龙”号越过赤道，甲板看到夜巡的队员在三楼甲板聊天。漫天的繁星，天空透亮，“雪龙”号犁出白色的浪花，一个安详静谧的夜晚。回房看了一个资料，发现末次冰期时，该地区海平面下降130米，苏门答腊岛竟与亚洲大陆相连。

【冰期和末次冰期】

冰期指地质历史时期气温大幅度下降、冰川大规模扩张的时期。在地球历史上发生过至少三次大冰期，即前寒武纪大冰期、石炭—二叠纪大冰期和晚新生代大冰期。末次冰期是距今最近的一次冰期，发生于第四纪的更新世晚期，始于约11万年前，终于1.2万年前。末次冰期内，各地冰盖亦曾出现数次的进退。冰退称为间冰期，格陵兰的冰芯钻探表明，过去十万年的末次冰期共有24个次一级的间冰阶。

（修改自《冰冻圈科学辞典》）

3月4日，“雪龙”号在新加坡东方的海面上越过，进入马来西亚海域。马来西亚是东南亚的半岛国家，被中国南海分为东、西两部分，西部是马来西亚半岛，东部是加里曼丹岛北部的沙巴砂拉越。马来西亚也是一个年轻的国家，曾经是英国的殖民地。

马来西亚位于赤道附近，属于热带雨林气候和热带季风气候，无明显四季之分，年温差极小，平均气温在26摄氏度，全年雨量充沛，3月至6月以及10月至次年2月是雨季。境内自然资源丰富，橡胶、棕油和胡椒的产量和出口量居世界前列。原始森林中，栖息着濒于绝迹的异兽珍禽，如善飞的狐猴、长肢棕毛的巨猿、白犀牛和猩猩等。兰花、巨猿、蝴蝶被誉为马来西亚三大珍宝。

傍晚的火烧云由于上部厚重的暗色云层衬托，显得极为靓丽。午夜抵达北纬4度附近，航行在中国南海的曾母暗沙西部海域。距离上海2300余千米，全天的水深不超过100米。海底属于平缓的大陆架。气温27摄氏度，风速到达10米/秒，站在甲板上感到非常凉爽。

■ 火烧云

十　穿越南海

3月5日，天气如常，热带的海洋风光，没有飞鸟，但时常见到船只。“雪龙”号全速航行，穿越南沙群岛。南沙群岛是我国南海最南的一组群岛（北纬3 ~ 11度，东经109 ~ 117度），北起雄南礁，南至曾母暗沙，西为万安滩，东为海马滩，东西长约905千米，南北宽约887千米，海域面积约88.6万平方千米。为海洋性热带雨林气候，日照长、温差小，终年高温（年平均气温大于27摄氏度），被称为“常夏之海”。风大雾小，降水丰沛（年平均降雨量约2000毫米）。南沙群岛属珊瑚礁地貌，岛礁沙滩星罗棋布，有230多座岛屿、沙洲、暗礁、暗沙和暗滩，其中最大的岛屿是太平岛，面积0.432平方千米。

■ 繁忙的南海水道

3 月 6 日午夜，甲板上凉风习习，漫天的繁星、明晰的银河，有夜航的飞机闪着灯光掠过夜空。海面上散布着或灯火通明、或灯光幽暗的渔船。“雪龙”号全速行驶在中沙群岛平静的海面上，距离上海 2000 余千米。

中沙群岛（北纬 13 ~ 19 度，东经 113 ~ 118 度）位于南海中部海域，西沙群岛东面偏南，距永兴岛 200 千米，是南海诸岛中位置居中的群岛。该群岛北起神狐暗沙，南止波洑暗沙，东至黄岩岛，海域面积 60 多万平方千米，岛礁散布范围之广仅次于南沙群岛。中沙大环礁是中沙群岛的主体，也是南海诸岛中最大的环礁，环礁面积约 130 平方千米，礁湖水深 10 ~ 20 米。黄岩岛是中沙群岛唯一的岛屿，在中沙环礁以东约 170 海里，毗邻马尼拉海沟。中沙群岛是各种造礁珊瑚的产物，珊瑚礁及其周围生长着各种海洋生物，组成了珊瑚礁生物群落，鱼虾蟹贝类资源丰富，具有巨大的开发价值。

3 月 7 日，“雪龙”号全天行驶在平静的海面，周围的货船减少。偶见海鸟在海面掠过。有一种小鱼，时常跃出海面滑行，有人说是飞鱼。海鸟在低空盘旋，发现目标，如鹰鹞直扑大地，猎取跃出水面的飞鱼。有时候也会一个猛子，钻入大海，追逐飞鱼。

傍晚，天空洁净，暗红色的太阳渐渐沉入大海。没有多姿多彩的云层。“雪龙”号越过西沙群岛和中沙群岛的洋面，在黄岩岛以东向东北方向前进。

下午体检，昆仑站出现的高血压消失了，一切指标正常，体重维持在昆仑站的水平。晚上又跑了 5 千米，略感疲惫，有食欲。午夜，东北风 7 ~ 8 级（风速接近 18 米 / 秒），风浪加大，涌浪达到 2 米以上，船体开始晃动。

3 月 8 日，尽管涌浪低于 2 米，“雪龙”号还是在晃动中前进，从东沙群岛的南部越过南海，抵达台湾东南部。傍晚经过南屿岛附近，能看到岛屿的轮廓，但由于乌云密布，能见度极低，无法看清楚真貌。

东沙群岛包括东沙岛、东沙礁，以及南、北卫滩环礁（暗礁）。其中东沙岛的礁盘呈新月形，又称为月牙岛，面积 1.8 平方千米，海拔仅 6 米，由珊瑚为主的生物碎屑堆积而成。东沙群岛是南海诸岛中离大陆最近的群岛，也是我国南海诸岛中最早被开发的群岛。在晋以前，东莞一带的渔民就来到东沙群岛附近海域捕鱼和采集珊瑚等海产，近代渔民在东沙岛搭建木制工厂进行腌晒鱼肉及海藻等加工，并建有大王庙。

第六部分

尾　声

各种事务纷至沓来，自己的生命将随着高速转动的轮盘，沿着不同的轨道和方式运转。熙熙攘攘的人群、排成长龙的车队及红绿灯，回到了“老旧”的生活，开始了无尽的奔波，日程表上会是不断的事务“冲突”。不再有悠闲的散步、宁静的沉思，身边充斥着可有可无的信息，可有可无的谈话。是的，我非常怀念南极雪白的世界、寂静的时刻。

3 月 10 日下午到达上海锚地，结束了漫长的海上“漂泊”，但还要在船上住两个晚上。从国外回来的轮船，先是在港口外由领水员导航到锚地，随后海关官员上船检查通关，人员和货物才能离开轮船。上午 10 点“雪龙”号已经到达领水站，中午过后才驶向锚地。阴天，能见度低，但不停地有大型的货轮装载着集装箱从“雪龙”号旁边逆行而过。黄浦江入海口，水质浑浊，富含泥沙，泛着土黄色，没有海水的蔚蓝，这些都告诉我海上的生活已经结束，要进入陆上生活了。午夜，黄浦江两岸仍然灯火通明，“雪龙”号也打开遍及船体的各处灯光。大型的货船顺着绿色的浮标，在黄浦江中穿梭，一派繁忙的景象。

■ 进入上海港

3 月 11 日上午，海关人员上船检查货物，边防检查人员上船核对回国人员的护照信息。随后，极地中心的领导和同事们慰问考察队。半年不见了，极地中心的同事们非常热情，一起吃午饭，气氛和谐温暖。下午是自然资源部的领导来慰问，考察队做工作汇报。自然资源部总工程师张占海、极地办公室主任秦为稼、极地中心主任杨惠根等一行上船与队员交流。考察队制作了 12 分钟的汇报片，主要从考察历程和取得的成绩两个方面，利用精彩的图片和视频资料介绍了从西南极的长城站到东南极的中山站 – 泰山站 – 昆仑站、从南大洋到罗斯海附近的恩克斯堡岛新站、从海上到陆上到空中、从后勤保障到台站建设、从科研常规观测到项目执行等情况。冰天雪地的车队、挂着冰胡子的队员、蓝天中翱翔的固定翼飞机和直升机、在狂风巨浪中摇晃的“雪龙”号、冒出海面的几个虎鲸圆头、在海冰上奔跑的阿德利企鹅、滑过海面的巨鹱，身临过这一切精彩的片段，看着汇报片格外“亲切”。在上海的亲朋好友来“雪龙”号，很高兴带他们参观，上上下下、仔仔细细地介绍了“雪龙”号的结构、功能和南极考察的历史。

3 月 12 日，考察正式结束！

上午考察队员的单位同事、家人、好友到达“雪龙”号，慰问、团聚、帮助取行李等。中午我们把雪冰样品装上了冷冻车，直接运往兰州。第 116 天，南极的考察圆满地画上了句号。接近 4 个月，第一次回到城市生活，感觉不太“适应”。南极就此远去，突然感觉还缺少了什么。队友说这次考察，经历了春夏秋冬四季，很精彩。

在南极冰盖的日子里，没有网络，很少有资讯，不知道国内外的大事小事，也无法了解科技动态。但是，虽然每天忙忙碌碌，闲暇时还是可以看看书，和队友们聊聊科研，感觉很充实。这样的生活其实很惬意，简单的生活和肉体的疲劳可以医治生活的压力、可以克服快节奏带来的疲倦。简单的生活其实也多姿多彩。离开了南极，离开了冰盖，恋恋不舍，觉得还没有充分享受“宁静”的生活，便已回到了所谓的“文明世界”。各种事务纷至沓来，自己的生命将随着高速转动的轮盘，沿着不同的轨道和方式运转。熙熙攘攘的人群、排成长龙的车队及红绿灯，回到了“老旧”的生活，开始了无尽的奔波，日程表上会是不断的事务“冲突”。不再有悠闲的散步、宁静的沉思，身边充斥着可有可无的信息、可有可无的谈话。

是的，我非常怀念南极雪白的世界、寂静的时刻。

后　记

从去年12月至今，我们已经经历了四次寒潮。为什么在全球变暖的背景下，我们在冬季却感受频繁的寒潮天气？专家解释，北极正在快速变暖，其升温幅度超出全球平均的两倍多，由此导致北极和赤道区域的气温梯度减弱。本来冬季北极的冷气团被西风环流牢牢地圈在了北极，但由于温度梯度减弱，气候系统的平衡被打破，西风环流对北极气团的稳固效应减弱，导致北极冷气团频频南下，给我国带来寒潮天气。

因此，不管是北极还是南极，看似与我们非常遥远，却与我们的日常生活休戚相关。南北极作为地球上最后的净土，关乎人类的共同命运。北极快速变暖和环境剧变，不仅对气候系统带来深刻的影响，如海冰范围减少、冰川和冰盖退缩、冻土退化等，而且也将改变全球的运输贸易和能源格局，威胁着原住民的生存和命运，进一步强烈影响着区域可持续发展和北半球的地缘政治格局。南极的环境也处在快速变化中，如冰架的崩解、冰盖的消融，使得海平面升高加速，同时对气候系统、海洋环境和生物多样性也产生重要影响。

我国从1980年开始选派科研人员参加南极考察。1984年组织国家南极考察队并建立考察站（长城站），至今已组织南极考察36次，现有“雪龙”号和“雪龙2”号科学考察船，建立了长城站、中山站、昆仑站、泰山站，罗斯海新站正在建设中，还配有固定翼飞机雪鹰601。目前，中国第37次南极考察队正在进行中。

2019年3月从南极考察归来已近两年，忙忙碌碌，一直未能整理考察日记，最近几个月才下决心梳理考察中的所见所闻所思所想。说实在，能够参加中国第35次南极考察队，走进南极冰盖内陆，是我人生的一大幸事。二十多年的青藏高原野外考察和台站建设，一直渴望到达真正的冰雪天堂——南极。终于，2018年11月成行。想起考察的前前后后、考察中的日日夜夜，我得到了师长、领导、队友和同事的诸多帮助。在本书编辑完稿之际，我想对曾经帮助过我的所有人，道一声：感谢！

我对南极科学上的认识，最早来自秦大河老师。1990年秦老师参加“国际横穿南极科学队”归来，在兰州大学的大礼堂做了一次报告。给我们这些来自东南西北的学子们，做了一个很好的科普。秦老师在报告的开始，伸出左手，握住拳头，然后展开大拇指，说这就是南极。南极半岛（大拇指）是西南极，拳头末端是东南极。秦老师在徒步考察中遭遇的艰辛和困难，以及表现出的科学家精神，深深地吸引着学子们。1993年我还在兰州大学攻读硕士学位时，选修了秦大河老师在原中国科学院兰州冰川冻土研究所讲授的《极地冰盖中气候环境记录》课程，对南极冰盖的现代和古气候环境记录研究进行了系统的学习。秦老师是我参与南极冰盖研究的领路人，真诚地感谢！

感谢国家海洋局极地考察办公室！特别感谢秦为稼主任的关心和鼓励！早在1998年我还是博士生的时候，已经和秦主任熟识。本次考察，无论是在澳大利亚霍巴特港登船，还是从冰盖内陆基地出发，我和秦为稼主任一直保持沟通和交流。在奔赴冰穹A之前，秦主任给我发来一首小诗，尽管这首小诗不便公开，但对我的鼓励提到了前所未有的高度。秦主任是老南极人，我曾在昆仑站展示的老照片中看到过秦主任年轻时的照片。向秦主任等南极内陆考察的前辈们致敬！

感谢中国极地研究中心出色的组织和后勤保障！中国极地研究中心的领导孙波书记是第35次考察队的领队，也是多次参加内陆考察的杰出科学家。我们一起参加过1994年的唐古拉山冬克玛底冰川考察。无论是考察队的例会，还是在船上的交流，孙波老师给我传授了很多南极的知识和内陆考察经验，受益匪浅！中国极地研究中心的李院生老师，本是冰芯研究的同行，出发前我们一起聚餐，他殷殷嘱托，表达了一个老南极人的情怀和期望。

在冰盖内陆考察的50多个日日夜夜，我们昆仑队的16名队员，相濡以沫，互相支持，互相鼓励，嬉笑怒骂，皆成友情。难忘队长商朝晖在回程的测量和样品采集中一直陪伴，特别是有一次大风卷走记录本，他在雪地里一路狂追的身影！卢成书记每天关心着队员的生活起居，为队友们的科研工作保驾护航。作为队医的吴文博更多的时间是帮厨和干体力活，但他整天乐呵呵地无怨无悔。大厨宋雷军文质彬彬，任劳任怨地为队友们提供一日三餐，队员们面对航空餐无胃口的时候，他尽量调整餐食的口味。回程中无论多晚，队友方正总会等待，为我们的雪地车加油。王焘是技艺精湛的机械师，多次躺在寒气逼人的雪地上和队友们修车，他娴熟地驾驶着雪地车为我们掘开超大雪坑供采集样品。姜华是队里的能工巧匠，很快为我们做出一个采样的脚手架。队友沈守明教我开雪地车，一路上天南海北地胡侃。记者刘诗平走南闯北，对极地情有独钟，时常给我们讲述“第四极”（地球上最深的马里亚拉海沟）的观点。冰川组的范晓鹏、鲁思宇和我一路合作，时常探讨科研，切磋“学问”，我对吉林大学同事们的吃苦精神十分敬佩。难忘队友胡柯良、徐进、姜鹏、杨元德在宿营后继续观测，胡子上挂满冰珠的情景。我要感谢昆仑队的所有同仁，在时间紧、任务重的情况下，互相帮助，顺利完成了预定的科考目标。

感谢极富敬业精神的魏福海副领队为我们内陆队送行和迎接，感谢泰山队的姚旭、王哲超等队友，中山站的崔鹏惠、胡红桥、张楠、张正旺、崔祥斌、李星辰、田彪等老师和队友的支持与帮助。也感谢李跃华等直升机机组成员，媒体界的王善涛、王自堃，中国极地研究中心的韩彦佶、席颖、谌陈晨等 300 多位队友，是你们的无私奉献和合作精神，让中国第 35 次南极考察队圆满完成了任务。

感谢同事李传金、高新生帮助整理冰芯钻机、托运样品等。感谢高坛光、郭军明在本书文字编辑上的辛勤付出。

本书图片主要由我拍摄，但有部分图片来自于科考队队友共享，特此致谢。

同时，本书的出版也得到以下项目的资助：

中国科学技术部 A 类先导专项“第二次青藏高原综合科学考察研究”专题“跨境污染物调查与环境安全”（2019QZKK0605）；

自然科学基金创新研究群体项目“冰冻圈与全球变化”（41721091）；

中国科学院前沿科学重点研究项目“三极地区吸光性杂质时空格局及其对冰冻圈变化的影响（QYZDJ-SSW-DQC039）”；

冰冻圈科学国家重点实验室自主课题（SKLCS-ZZ-2020）。

康世昌

2021 年 1 月 17 日于兰州